高等院校艺术设计专业精品系列教材

Office Space Design

# 办公空间设计

李 娇 刘文佳 李 平 主编

总主编 邓诗元

U1011193

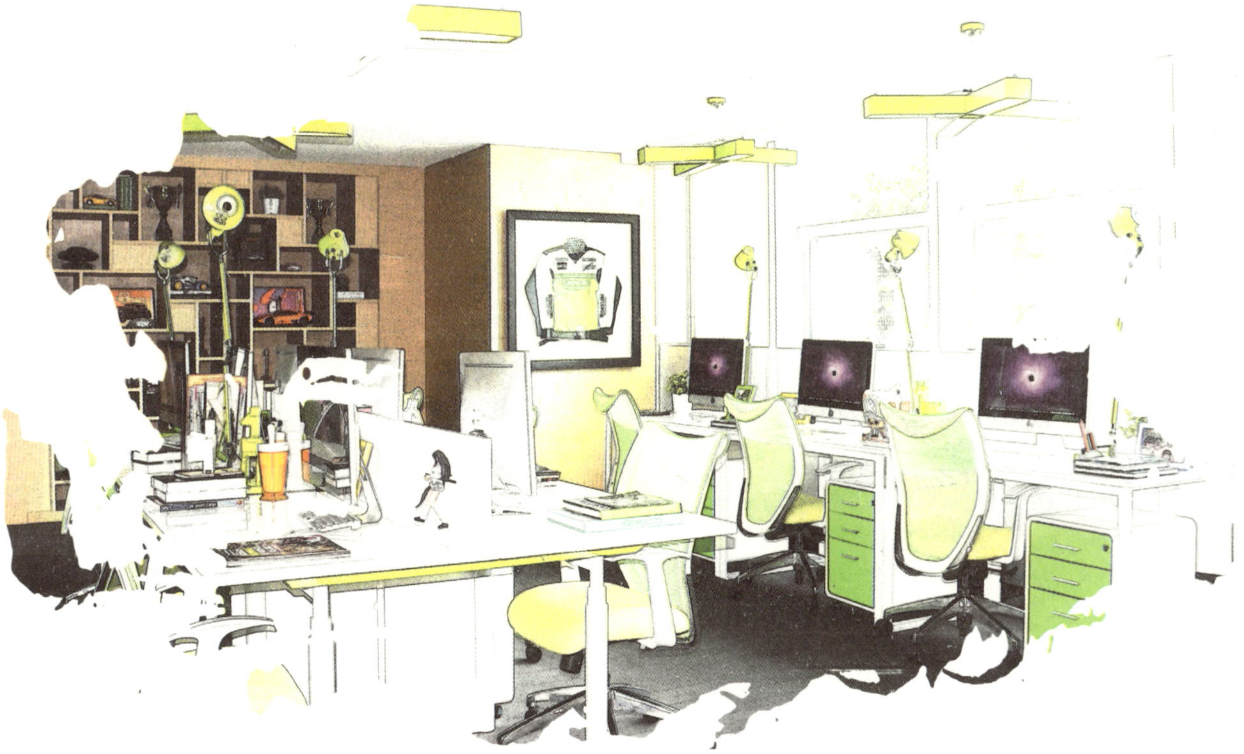

中国轻工业出版社

**图书在版编目（CIP）数据**

办公空间设计 / 李娇，刘文佳，李平主编. —北京：中国轻工业出版社，2023.1

全国高等教育艺术设计专业规划教材

ISBN 978-7-5184-1603-5

Ⅰ.①办… Ⅱ.①李…②刘…③李… Ⅲ.①办公室—室内装饰设计—高等学校—教材 Ⅳ.①TU243

中国版本图书馆CIP数据核字（2017）第222085号

## 内容提要

本书从探究办公空间设计本源的角度出发，以办公空间设计的概念为切入点，从办公空间设计的发展历程、人体工程学在办公空间设计中的应用、办公环境氛围的营造、各个界面的装饰设计等方面深入解剖办公空间设计的思路与方法，以及对办公空间装饰材料、施工工艺等知识的讲解，重在求新、求精、求全，具有很强的实用性，让读者对办公空间设计有全新的认识。避免了同类教材在设计与施工内容上的欠缺，本书内含二维码PPT多媒体课件，适合普通高等院校艺术设计专业教学使用，同时也是社会相关领域的专业设计人员和业余爱好者的参考读物。

责任编辑：王　淳　李　红　　责任终审：孟寿萱　　整体设计：锋尚设计
策划编辑：王　淳　　责任校对：吴大朋　　责任监印：张京华

出版发行：中国轻工业出版社（北京东长安街6号，邮编：100740）
印　　刷：艺堂印刷（天津）有限公司
经　　销：各地新华书店
版　　次：2023年1月第1版第4次印刷
开　　本：889×1194　1/16　印张：6.75
字　　数：200千字
书　　号：ISBN 978-7-5184-1603-5　定价：39.00元
邮购电话：010-65241695
发行电话：010-85119835　传真：85113293
网　　址：http://www.chlip.com.cn
Email：club@chlip.com.cn
如发现图书残缺请与我社邮购联系调换
230054J1C104ZBW

# 前言 PREFACE

办公空间设计是指对布局、格局、空间的物理和心理分割。办公空间设计需要考虑多方面的问题，涉及科学、技术、人文、艺术等诸多因素。办公空间室内设计的最大目标就是要为工作人员创造一个舒适、方便、卫生、安全、高效的工作环境，以便更大限度地提高员工的工作效率。这一目标在当前商业竞争日益激烈的情况下显得更加重要，它是办公空间设计的基础，是办公空间设计的首要目标。其中“舒适”涉及建筑声学、建筑光学、建筑热工学、环境心理学、人类工效学等方面的学科；“方便”涉及功能流线分析，人类工效学等方面的内容；“卫生”涉及绿色材料、卫生学、给排水工程等方面的内容；“安全”问题则涉及建筑防灾、装饰构造等方面的内容。

环境设计、建筑装饰设计是当今社会的热门行业，办公空间设计及类似课程在全国艺术院校内都有开设，这类课程具有很高的技术含量，知识点复杂，随着社会的进步与发展，国际交流合作频繁，办公空间设计这类图书最关键的是要经常推陈出新，适应社会发展潮流。

目前全国开设环境设计、建筑装饰设计专业的高校有200多所，在校学生近10万，而现有教材数量不超过10种，出版的质量参差不齐，很难与快节奏的经济发展状况相接轨。由于企业经营具有隐私性的问题，学生很难在学习阶段直接接触到各类办公空间，所以讲授办公空间设计不是一件容易的事，一直以来，为学生寻找合适的办公空间设计相关教材资料用于授课是一个挑战。

本书在编写时，不主张说教的方式，而是注重理论联系实际，文字通俗简明。本书分为七章，深入浅出，以图文并茂的方式向读者讲解了办公空间的基本设计思路与方法，办公空间的人体尺寸、企业文化与办公环境、办公环境的质量等，并有大量中外办公空间设计案例赏析。在书中让学生成为良好的倾听者和实践者，遵循章法，在环境设计领域具有很强的启迪和指导作用，让学生充分掌握专业技能，提高设计的实用性。

本书在汤留泉老师的指导下完成。编写时得到了各方人士的帮助，在此奉上他们的姓名，表以谢意：黄溜、胡江涵、雷叶舟、刘婕、李昊燊、李星雨、廖志恒、柯玲玲、彭曙生、王欣、王文浩、王煜、肖冰、袁徐海、祝丹、张礼宏、钟羽晴、张秦毓、朱梦雪、邹静、张欣。

编者

# 目录 CONTENTS


## 第一章　办公空间设计概论

第一节　办公空间概述........002
第二节　办公空间设计要求和设计要点........006
第三节　办公空间的设计流程........007
第四节　办公空间装修工程量计算........012

## 第二章　办公空间的历史演变

第一节　办公空间的发展历程........016
第二节　未来办公空间设计发展的趋势........021

## 第三章　办公空间的功能分区和家具设计

第一节　办公空间的功能分区........024
第二节　办公空间与人体工程学........028
第三节　办公空间内的家具设计........033

## 第四章 办公环境设计


第一节 办公环境与企业文化......044
第二节 办公空间的绿化......047
第三节 办公空间的光环境......049
第四节 办公空间的声环境......054
第五节 办公空间的色彩设计......056


## 第五章 办公空间的装饰设计


第一节 办公空间的界面处理......062
第二节 办公空间界面装饰设计的要点......064
第三节 办公空间各界面装饰设计......067


## 第六章 办公空间的装饰施工


第一节 办公空间装饰材料......074
第二节 地面施工......076
第三节 墙面施工......085
第四节 吊顶隔墙施工......090


## 第七章 优秀办公空间设计案例赏析


第一节 桌上深林......096
第二节 世联财富办公室......097
第三节 北京世界城FUNWORK......098
第四节 麻绳办公室......099

参考文献......100

# 第一章

# 办公空间设计概论

PPT课件，请在计算机里阅读

**章节导读**

办公空间设计的发展与社会历史变迁、建筑发展、材料更替、设计风格转变、家具及设备发展、工作形态规划技术等有着密切的关系。现代的办公空间是随着时代的发展一步一步演化而来的，它既是对以往办公空间的继承、延续和发展，又为办公空间的进一步发展、演变奠定了基础。

# 第一节　办公空间概述

## 一、办公空间的功能

随着我国社会经济和科技的快速发展及城市化进程的加快，各种不同类型的多功能办公楼如雨后春笋般出现，无论多层还是高层，也不论是采用哪一种结构体系，其共同特点都是在同一幢办公楼内能容纳不同行业、不同功能要求的办公室。

办公空间具有不同于普通住宅的特点，它是由办公、会议、走廊三个区域来构成内部空间使用功能的。办公空间设计是指对布局、格局、空间的物理和心理分割。办公空间设计需要考虑多方面的问题，涉及科学、技术、人文、艺术等诸多因素。办公空间室内设计的最大目标就是要为工作人员创造一个舒适、方便、卫生、安全、高效的工作环境，以便更大限度地提高员工的工作效率。

办公空间的首要任务是使工作达到最高效率，其次是塑造和宣传企业形象。在办公空间进行的工作包括写字、读书、交流和思考，对计算机及其他办公设备的操作等。现代企业更加注重办公场所的设计，这既有因市场竞争带来的刺激因素，又有创立品牌、开拓市场的需求，甚至还能成为增加产业价值的一种市场手段。因此，一个优秀的办公空间设计应该满足其使用功能和艺术功能的双重需求（图1–1）。

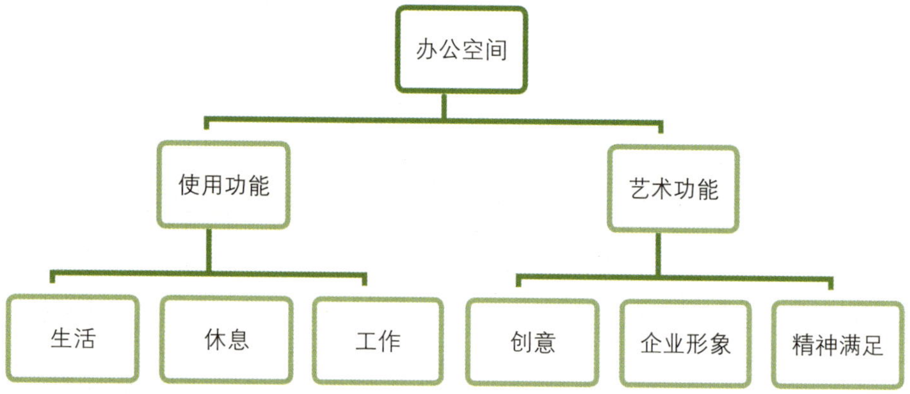


图1–1　办公空间功能分析图

## 二、办公空间分类

### 1. 按办公空间的业务性质分类

（1）行政办公空间　是指党政机关、事业单位、工矿企业的办公空间（图1-2），其特点是部门多、分工具体，工作性质主要是进行行政管理和政策指导，单位形象的特点是严肃、认真、稳重。设计风格多以朴素、大方、实用为主，具有一定的时代感。

（2）商业办公空间　是指商业和服务单位的办公空间，其装饰风格往往带有行业窗口性质，以与企业形象统一的风格设计作为办公空间的形象（图1-3），因商业经营要给顾客信心，所以办公空间装修都较讲究和注重形象塑造。

（3）专业性办公空间　是指各专业单位所使用的办公空间，一般是行政单位或者是商家企业（图1-4）。这类办公空间具有较强的专业性，如设计机构、科研部门及商业、贸易、金融、保险等行业的办公空间。

（4）综合性办公空间　是指以办公空间为主，同时包含服务业、旅游业、工商业等，其办公空间的设计与其他办公空间相同。随着社会的发展和各行业的分工的进一步细化，各种新概念的办公空间还会不断出现。

### 2. 按办公空间的布局形式分类

（1）单间式办公空间　是以部门或者工作性质为单位，分别安排在不同大小和形状的房间之中。政府机构的办公空间多为单间式布局，各个空间独立，相互干扰较小，灯光、空调等系统可独立控制，在某

图1-2　行政办公会议厅

图1-3　办公洽谈交流厅

（a）

（b）

图1-4　专业性办公空间

（a）

（b）

图1-5　单间办公室

些情况下，可节约能源，比如人员出差、作息时间差异等（图1-5）。单间式办公室还可以根据需要使用不同的间隔材料，分为全封闭式、透明式、半透明式的。封闭式的单间办公空间具有较高的保密性，透明式的办公空间除了采光较好之外，还便于领导和各部门之间相互监督及协作，透明式的间隔可通过加窗帘等方式改为封闭式空间。

（2）单元式办公空间　在办公楼中，除了晒图、文印、资料展示服务用房为大家共同使用之外，其他的空间具有相对独立的办公功能。通常其内部空间可以分隔为接待会客、办公（包括高级管理人员的办公）等空间，根据功能需要和建筑设施的情况，单元式办公空间里还可设置会议、盥洗等用房（图1-6）。由于单元式办公空间既能充分运用大楼内的各项公共服务设施，又具有相对独立性，因此，常是企业、单位出租办公用房的上佳选择。在近年来兴建的高层建筑出租办公楼的内部空间设计与布局中，单元式办公空间占有很大的比例。

（3）公寓式的办公空间　这类办公空间除了可以办公外，还具有类似住宅的主要特点，例如具有类似住宅的盥洗、就寝、用餐等功能（图1-7）。公寓型办公空间提供白天办公和用餐，晚上住宿就寝的双重功效，给需要办公人员提供居住功能的单位和企业带来了方便。

（4）开敞式办公空间　是将若干个部门置于一个大空间中，而每个工作台通常又用矮挡板分隔，便于大家联系却又可以相互监督（图1-8）。这种办公空间由于工作台集中，省去了不少隔墙和通道的位

图1-6　单元式办公空间

图1-7　公寓式办公空间

（a）

（b）

图1-8 开敞式办公空间

置，节省了空间，同时装修、照明、空调、信息线路等设施容易安装，费用相应有所降低。开敞式办公空间常选用组合式家具，这类家具由工厂大批量生产，现场安装过程中各种连接线路暗藏于家具或者隔板中。开敞式办公空间家具的使用、安装和拆卸都较为方便，且随着生产效率的提高和批量化生产的快速发展，这类家具必然会越来越规范化，也一定会更加便宜。开敞式办公空间的部门之间干扰大，风格变化小，并且只有部门人员之间同时办公时，空调和照明才能充分发挥作用，否则浪费较大，因而这种形式多用于大银行和证券交易所等单位有许多人在一起工作的大型办公空间的布局。在开敞式办公空间中，常采用半透明轻质隔断材料隔出高层领导的办公室、接待室、会议室等，使其在保证一定私密性的同时，又与大空间保持联系。

（5）景观办公空间　更注重人性化设计，倡导环保设计观（图1-9），从1960年德国一家出版公司常见“景观办公空间”以来，这种办公空间形式在国外非常受欢迎。如今，高层办公楼的不断涌现，对大空间景观办公空间的发展起到了很大的推动作用，尤其是在全空调、大进深的办公楼里，为减小环境对人们的心理和生理上造成的不良影响，减轻视觉疲劳，造就一个生机盎然，心情舒畅的工作环境尤为重要。景观办公空间的特点是在空间布局上创造出一种非理性的、自然而然的，具有宽容、自在心态的空间形式，即“人性化”的空间环境。这种方式通常采用不规则的桌子摆放方式，室内色彩以和谐、淡雅为主，并用盆栽植物、高度较矮的屏风、橱柜等进行空间分割。

（a）

（b）

图1-9 景观型办公空间

# 第二节　办公空间设计要求和设计要点

## 一、办公空间设计要求

室内办公、公共、服务及附属设施等各类用房的面积分配比例，房间的大小及数量，均应该根据办公楼的使用性质、建设规模和相应标准来确定。

办公空间往往是单位或企业形象的体现之一，不同的单位具有不同的工作特点，要对企业类型和企业文化深入了解，只有这样才能设计出反映该企业风格与特征的办公空间，使得设计具有个性与生命力（图1–10）。

充分了解企业各部门的设置及其相互功能之间的联系，这对办公空间的平面布局和区域划分，以及人流线路的组织至关重要。

在办公空间设计中引入生态环保意识，力求人与自然能完美融合。在空间区域内营造出绿色生态环境（图1–11），是办公空间设计的发展趋势。

整体设计在“以人为本”的理念下，一切有关的素材、技术都要考虑到人的因素，在规划灯光、空调和选择办公家具时，应充分考虑其实用性和舒适性，并结合人文、科学、艺术的因素，营造出一个美观、舒适、和谐的空间。

办公空间是工作场所，人在其中主要为工作，装修特色应该大方、简洁、实用。奢华、复杂的造型，斑斓的色彩、动感的线条，都会影响员工专注工作。

## 二、办公空间的设计要点

办公空间的平面布置应考虑家具、设备的尺寸，以及办公人员使用家具、设备时必要的活动空间尺度。还要考虑各工作单位依据使用功能要求的排列组合方式，以及房间出入口至工作位置，各工作位置相互间联系的室内交通过道的设计安排等（图1–12）。

在办公空间里，平面位置的设置可按功能需要进行整间统一安排，也可组团分区布置，通常5～7人

图1-11　办公空间绿化

图1-10　个性化办公空间

图1-12　办公活动空间尺度

为一组团或根据实际需要安排，各工作位置之间、组团内部及组团之间既要联系方便，又要尽可能避免过多的穿插，以便减少人员走动时对他人工作的干扰（图1-13）。

根据办公楼等级标准的高低，办公室内人员常用的面积定额为3.5～6.5m$^2$/人，依据上述定额可以在已有办公空间内确定工作位置的数量，当然，这不包括过道面积。

从室内每人所需的空气容积及办公人员在室内的空间感受角度考虑，办公空间净高一般不低于2.6m，设置中央空调时出风口的高度也不低于2.4m。

图1-13　办公单元

## 第三节　办公空间的设计流程

### 一、设计准备阶段

设计准备阶段的主要任务是进行设计调查，全面掌握各种相关数据，为正式设计做准备。

#### 1. 了解委托方意向

对于委托方的意向要了解清楚，在设计时才不会走弯路，了解是多方面的，主要包括以下几点。

（1）充分了解用户的工作性质　不同的单位，由于业务性质不同，对办公空间会有不同的使用要求，如房产公司需要较好的展示与洽谈大厅，银行需要奢华的门面、气派的大厅和牢固安全的营业柜台，贸易或技术服务的公司，常常把客户接待室和业务室看的同样重要。不同单位还会有不同的资料存储方式和工作方式（图1-14、图1-15）。对于这些情况，应做好详细的记录，以缩小理解与实际要求的距离。

（2）了解委托方预计投资和项目完成期限　任何设计项目都受到资金投入的制约，设计应根据资金的情况准确定位。在知道委托方的预计投入后，设计者可根据装修的档次和大概来设想，从而缩小双方理解和想象的差距。

图1-14　配合公司性质的条状线条

图1-15　办公楼内部

（3）了解委托方的审美倾向　设计最终是为委托者服务的，所以与委托方交谈的过程，既是了解其审美情趣的过程，也是因势利导，发挥设计者想象力和说服力、影响和提高委托方审美的过程。

### 2. 了解机构职能

办公空间整体规划和功能空间布局的依据就是设计者了解办公空间使用方的机构整体运作方式和实现其职能的过程，了解机构内部各部门的组织结构、具体功能、分工及配合关系的过程。

### 3. 施工场地勘测

设计者应亲临现场进行勘测，了解地理、建筑环境和各个空间的形态和衔接关系（图1-16）。建筑图与工地在尺寸方面会有差距，而了解这些却是设计的先决条件，另外，还应仔细考察建筑的结构，考虑将来装修结构的固定和连接方式。

### 4. 制定设计计划

经过和委托方沟通取得共识后，可接受任务委托书，签订合同，制定设计进度安排，确定收费标准和方法等内容。

## 二、方案设计阶段

方案设计是在设计准备阶段的基础上进行的，进一步收集、分析、运用与设计任务有关的资料与信息，构思立意，进行方案设计。经过实地考察和与委托方交谈后，设计者掌握了基本情况。在签署设计施工合同或委托书后，就可以考虑方案了。

图1-16　办公楼室内装修结构

### 1. 分析资料

（1）项目分析　在进行设计之前，一定要明确设计任务的要求，对设计项目深入分析不仅会使设计取得成功，而且能达到事半功倍的效果。对项目进行分析，首先要明确该设计项目的使用性质、功能特点、设计规模、等级标准、拟投入的资金情况等，其次确定采用何种室内环境氛围或艺术风格等。

（2）调查研究　设计项目的分析与调查研究的关系密不可分，调查研究可以设计现场实地考察，明确现场地理方位、交通状况以及建筑结构状况。对材料市场进行情况调查，明确选用材料的可行程度，以及种类与价格。实地考察同类室内空间的使用情况，增强感性认识。查阅相关资料，寻找设计依据与灵感。

### 2. 确定初步方案

方案设计过程是一种依靠科学和理性的分析来发现问题，进而提出解决问题的艺术创造过程。从设计者的思考角度分析，这一过程的思维方法要注意以下几点：一是从大处着眼、小处着手，二是先从里到外，再从外到里，三是意在笔先或笔意同步，一套方案图应该包括以下几个方面。

1）平面图。常用比例为1：50，1：100。

2）立面图。常用比例为1：20，1：50。

3）顶面图。常用比例为1：50，1：100。

4）室内透视效果图。

5）材料样板图和简要的设计说明。

方案图要能正确传递设计概念，因此，平、立面图除了要绘制准确，符合国家制图规范外，还要表现包括家具和陈设在内的所有内容，精致的图纸甚至可以表现材质和色彩，透视图则要借助各种表现手法，能够真实地再现室内空间的实际景况。

### 3. 编制装饰概算

概算是建筑单位和施工企业招标、投标和评标的依据，办公装饰工程应采用“定额量、市场价、竞争费率、一次包定方式”来编制装饰工程的概算。

（1）定额量　指按设计图纸和概算定额有关的规定确定的主要材料使用量、人工工日。

（2）机械费　指按国家预算定额的费用所测定

用于装饰装修工作中，机械设备的使用费、磨损费、折旧费之和。

（3）市场价　材料价格、工资单位均按市场价计算，黏结层及辅料部分价值自行调整。

（4）总造价　由定额量、市场价确定工程直接费，并由此计算企业经营费、利润、税金等，汇总计算出工程的总价格。

### 4. 方案的修订与确定

委托方会对初步方案进行一审或者二审。在这一阶段，设计者要善于跟甲方进行沟通。初步方案经过修改调整后会逐渐成熟，为后期深入设计做准备。

### 5. 施工图设计

施工图设计要标准规范，因为图纸是施工的唯一科学依据。施工图一般包括平面图（进行整体规划、陈设物布局）、顶面图、立面图节点详图、大样详图等几个方面（图1-17～图1-20）。

与方案图不同的是，施工图的平、立、顶面图主要表现地面、墙面、顶棚的构造样式、材料分解与搭

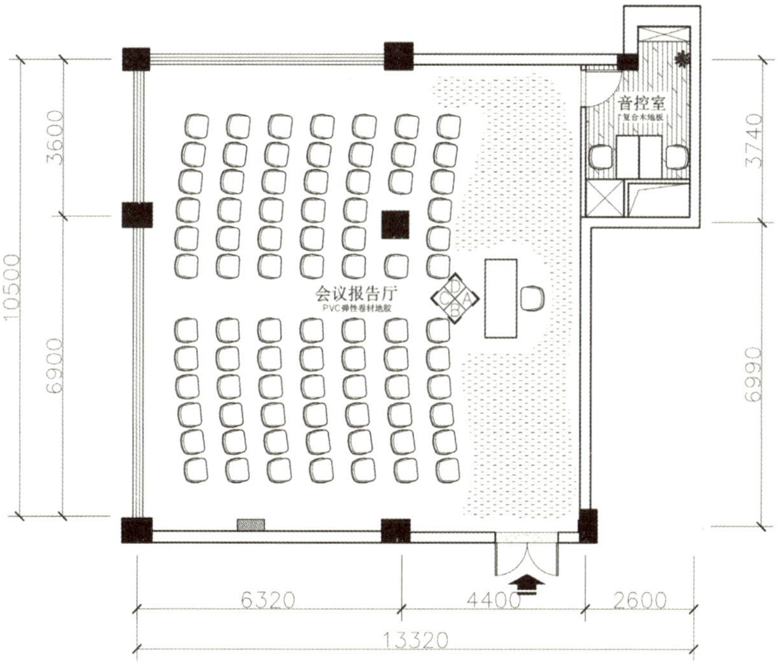


图1-17　某会议厅平面图

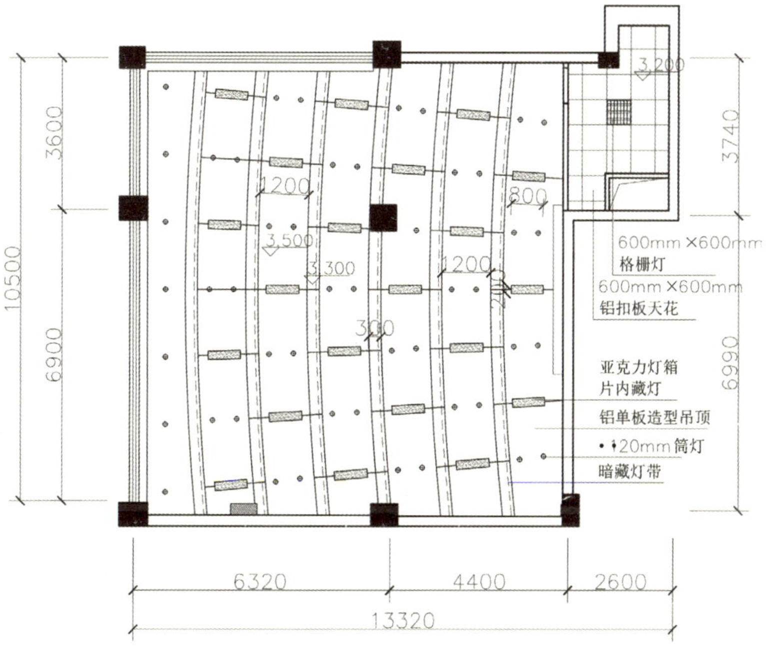


图1-18　某会议厅顶面图

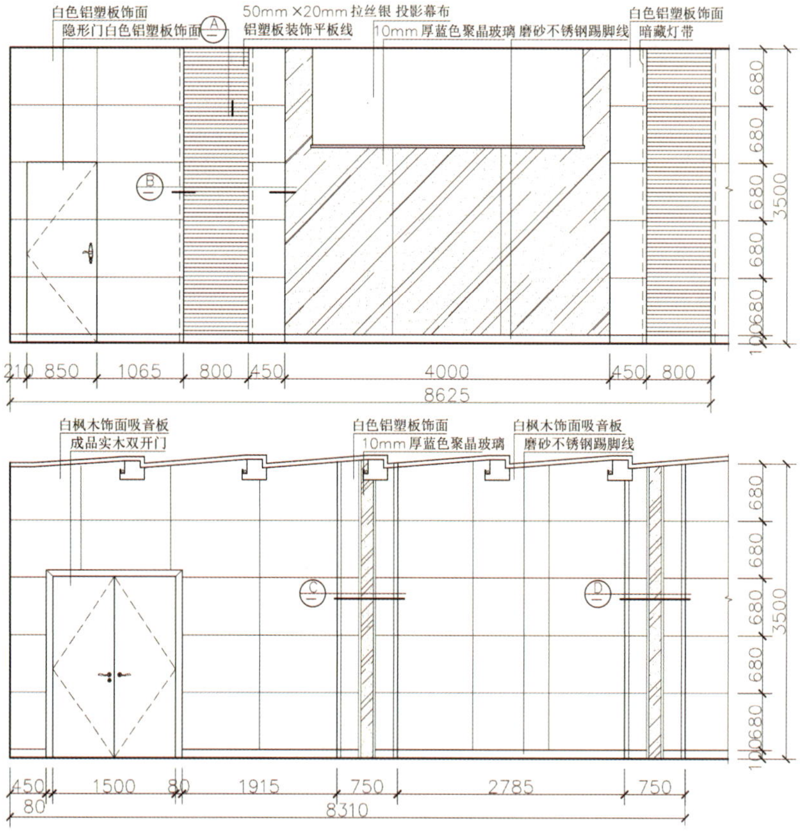


图1-19　某会议厅立面图

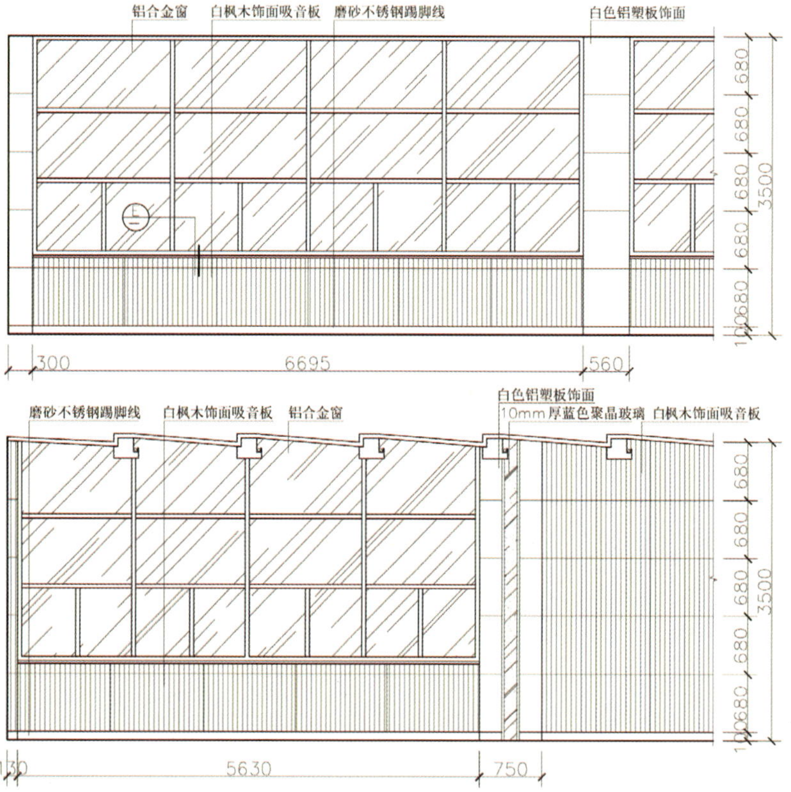


图1-20　某会议厅立面图

配比例。施工图要标注灯具、供暖通风、消防烟感喷淋、音响设备等各类管口的位置，施工图完成后即可进入工程的施工。工程施工期间，有时还需要根据现场实况对施工图纸做局部修改或者补充。

### 6. 编制施工图预算

施工图设计阶段应编制施工图预算，其造价应控制在批准的初步设计概算造价之内，如超过时，应分析原因并采取措施加以调整或上报审批。施工图预算是建筑单位和施工企业签订承包合同、拨付工程款和工程结算的依据，也是施工企业编制计划、实行经济核算和考核经营成果的依据（图1-21、图1-22）。

施工图预算一般由设计单位编制。根据施工图设计、预算定额规定的项目划分、计量单位及工程量计量单位规则，分布、分项地计算工程量，并按有关价格、收费标准等进行编制。预算编制步骤如下：

1）准备材料，熟悉施工图纸；

2）计算工程量；

3）确定基础定额，计算人工、材料、机械数量；

4）根据当时、当地的人工、材料、机械单价，计算并汇总人工费、材料费、机械使用费及直接费总值，得出单位工程直接费；

5）计算其他直接费、现场经费、间接费、利润和税金，并进行汇总，得出单位工程造价；

6）复核；

7）编写设计说明。

## 三、设计施工阶段

施工是实施设计的最终手段，施工质量的优劣又直接关系到设计的最终目标，切不可忽视（图1-23）。

办公空间的工程项目在施工前，设计师应向施工单位进行设计意图说明和图纸的技术交底；工程施工期间还应定期到工程现场了解施工进度，并按图纸要求核对施工情况。施工现场往往有不可预见的问题，设计师有时还需要根据现场实况提出对图纸的局部修改或补充；施工结束后，要同质检部门和建设单位按图纸进行工程验收。

办公空间设计工程涉及的设备安装施工较复杂，如照明设备、空调设备、消防设备、用水设备、办公设备等。设备安装除了按各自的技术标准执行以外，很重要的是各专业之间的协调问题，各技术小组必须互相理解、支持与配合，才能实现设计方案的整体效果。因此设计师应该具备良好的沟通与协调能力，能与其他专业技术人员密切配合，以保证设计方案的顺利实施和实现。只有把设计与施工作为设计方案实施的一个整体来运作，才能保证设计构想的实现和施工的质量。

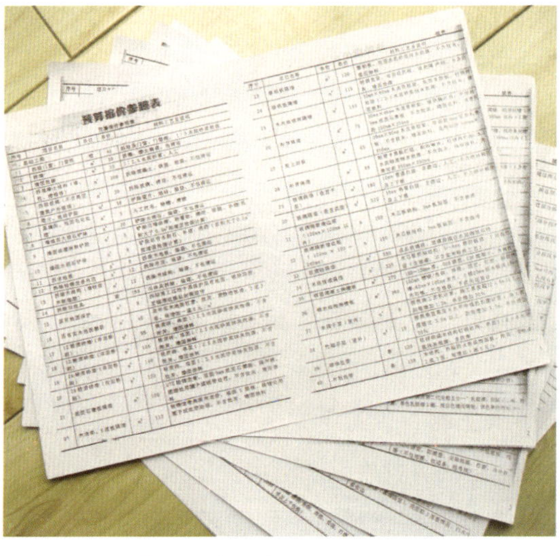


图1-21　预算报价参照表

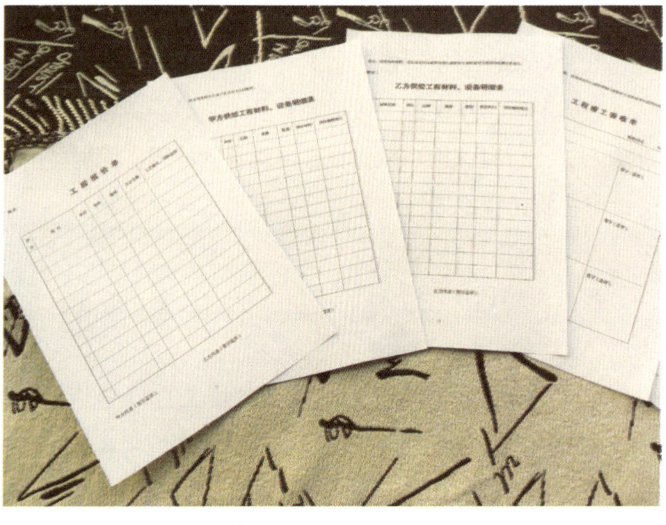

图1-22　各种附件材料

（a）

（b）

图1-23　办公空间施工现场

# 第四节　办公空间装修工程量计算

## 一、装饰工程基础定额

基础定额就是预算定额，是完成规定计量单位分项工程计价的人工、材料、施工机械台班消耗量的标准，是统一预算工程量计算规则、项目划分、计量单位的依据，是编制地区单位计价表、确定工程价格，编制施工图预算的依据，也是编制概算定额（指标）的基础，也可作为制定招标工程标底、企业定额和投标报价的基础。

### 1. 基础定额的作用

基础定额的作用是完成规定计量单位分项工程计价的人工、材料、施工机械台班消耗量的标准。同时是编制招标工程标底、制定企业定额的指导性定额。

### 2. 基础定额的构成

基础定额由人工工日、材料、机械台班消耗量组成。

1）人工工日消耗量是指在正常施工生产条件下，完成规定计量单位分项工程必须消耗的综合人工工日数量，内容包括基本用工、超运距用工、人工幅度差、辅助用工。

2）材料消耗量是指在合理和节约使用材料的条件下，完成规定计量单位分项工程必须消耗的一定品种规格的材料、半成品、构配件等的数量标准，包括材料净耗量和材料不可避免的损耗量。

3）机械台班消耗量是指在正常施工条件下，完成规定计量单位分项工程必须消耗的某类某种型号施工机械的台班数量，它由分项工程的机械台班消耗量及施工定额同预算定额的机械台班幅度差组成。

## 二、计算方法

### 1. 直接费

直接费是指在装修工程中直接消耗在施工上的费用，主要包括人工费、材料费、机械费以及其他费用，一般根据设计图纸将全部工程量（m、$m^2$、项）乘以该工程的各项单位价格，从而得出费用数据。

（1）人工费　人工费是指工人的基本工资，需要满足施工员的日常生活和劳务支出。

（2）材料费　材料费是指购买各种装饰材料成品、半成品及配套用品的费用。

（3）机械费　机械费是指机械器具的使用、折旧、运输、维修等费用。

（4）其他费　其他费用根据具体情况而设定，例如，高层建筑的电梯使用费，增加的劳务费等。这些费用将实实在在地运用到装饰工程中。

### 2. 间接费

间接费是装饰工程为组织设计施工而间接消耗的费用，主要包括管理费、临时设施费、劳动保险费等，这部分费用是装饰公司为组织人员和材料而付出的综合费用，不可替代。

### 3. 计划利润

计划利润是装饰公司作为商业营利单位的一个必然取费项目，为装饰公司以后的经营发展积累资金，尤其是私营企业，获取计划利润是私营业主开设公司的最终目的，一般为直接费的10%～15%。

### 4. 税金

税金是直接费、管理费、计划利润总和的3%～5%，具体额度根据当地税务机关政策为准，凡是正规装饰公司都有向国家交纳税款的责任与义务。

## — 补充要点 —

**影响装修预算的四个因素**

1. 材料价格是报价的基础，材料的质量也是决定价格的因素之一，质地结实，做工好的相对贵些，反之，则相对便宜；另外就是品牌，名牌、声誉好的材料肯定比无名小厂的要贵些。

2. 工艺好坏影响最终报价是指施工人员的施工水平和制作水平，在材料相同的情况下，工人的手艺直接影响到装修质量。手艺好，训练有素的施工人员，要价自然高。

3. 有施工管理要多花费用，施工过程复杂，各工种的交叉作业，工序的先后顺序对保证施工质量都至关重要。请有专门人员管理施工的正规装饰公司就要多花些费用。

4. 装修公司资质也是影响装修预算的因素之一。优秀的装饰公司要有市场部、设计部、工程监理部、材料配套中心、财务部、审计部等。这些都需要一定的费用，而这些费用自然会体现在价格上。

## 课后练习

1. 详细描述办公空间具体的功能。
2. 详细解释办公空间的布局形式分类。
3. 根据自己的理解解释施工图与方案图的区别。
4. 解释设计概算与施工图预算的区别。
5. 谈谈施工阶段在方案设计中的重要性。
6. 详细描述办公空间的未来发展趋势。

## 第二章

# 办公空间的历史演变

PPT课件，请在计算机里阅读

**章节导读**

办公机构的存在造就了办公空间，这种作为专用于公共事物处理的空间的存在，历史久远。随着经济和工业的增长，办公室变得正规化，作为记录业务交易的方式，专门的办公室工作不断增长。同时使用者对办公室、办公家具和设备的需求也增加了。专业化的办公功能和办公空间的成长始于在工业革命期间发生的重大变革。从农业经济向工业经济的转变创造出了新业务，需要有更专业化的工种，这就需要独立的办公功能。

# 第一节　办公空间的发展历程

## 一、农业社会

从远古时代一直到18世纪，人类社会一直处于牧业、农业社会。中国传统农业社会是以家庭为单位的个体农业生产社会，此时的住宅既是生活场所，又是工作场所，当时的生产生活方式是前店后宅、下店上宅，而统治者的办公场所是皇宫、府邸，营造原则是前朝后寝，左祖右社。从宋代画家张择端的《清明上河图》中所描绘的北宋汴京的住宅中可以看到较多这样的例子（图2-1），因此，早期的办公行为作为一种非独立型分工，是融合在谋求生存资料的经济生活之中，具有办公意义的工作场所总是和生活场所融在一起。

随着商品的极大丰富和人们对商品交换需求的不断增强，出现了商品交换、发放工钱、记录交流等贸易活动，办公空间的需求也就应运而生。此时，人们的办公活动常常在其他的空间中进行，因此，其办公空间常常是与其他空间的一种融合或是模仿，并不具

图2-1　清明上河图

图2-2　古代会议空间

图2-3　古代文人书房

图2-4　清代御书房

备自己的办公特色，所以并没有形成真正意义上的独立的办公空间。

例如，在欧洲中世纪晚期商业城市的行会大厦中，商人们的卧室就兼有办公室，然而其内部空间环境只是对起居室的模仿，并不具有办公空间自己的特色。书房作为办公空间起源的另一种形式，是作为王公贵族进行议事和决策的场所，书房作为办公空间已经有了巨大的发展，尽管其空间具有很大的封闭性，但是从卧室和起居室中脱离出来，形成独立的空间，使办公的功能实现了独立（图2-2～图2-4）。

## 二、工业社会

18世纪60年代，发生了以蒸汽机技术为标志的工业革命，揭开了人类文明史上新的一页。新机器、新技术、新材料和新工艺的发明和使用带来了机械化的大批量工业化生产。传统的家庭生产由于其原始性和低效率而无法与工业化生产相竞争，家庭的生产功能逐渐消失并最终退出了历史舞台。

### 1. 18世纪末期～19世纪初期

随着工业化在世界的蔓延，人们逐渐走出了农村而进入城市和工厂，集体办公室随之出现，真正意义上的办公空间开始产生。但此时办公空间的概念还没有从庄园、住宅以及工厂服务楼的概念中脱离出来。办公环境处于简单的功能服务阶段，职员使用最多的工具就是钢笔和墨水，清一色的男性雇员与雇主并肩坐在木桌前办公。

当时主要的照明光源是日光，不足时再辅以油灯或者煤气灯，热力来源于火炉或是壁炉。英国设计师约翰·索恩设计的英格兰银行伦敦总部的室内极具匠心（图2-5）。这些房间进行了名称的区分，有的称为股息办公室，有的称为老殖民办公室，还有的称为债券办公室。

### 2. 19世纪中期～20世纪早期

这一时期是早期的白领工厂。19世纪中期，电报、打字机和电话等办公设备的发明使客户、供应商、银行及贸易伙伴之间沟通的速度加快（图2-6），由此带来办公空间的活动再一次发生着改变，文书工作继续膨胀。其次，随着企业和财政的合并和集中，产生了大量职业化的团体，这就需要更多的合作和管

图2-5　英格兰银行

（a）

（b）

图2-6　办公空间

理，从而导致了办公空间规模化迅速增长。

同时，新的办公在很大程度上有别于早前的工作，办公不再是有一定身份和教育背景的人才能做的事情，已经变得普及起来，甚至妇女也离开工厂和家庭服务工作走进了办公室。办公空间从以前小型的居住建筑变成为大而嘈杂的“白领工厂”，职员的办公室从平面上看与工厂很像，会议厅和总裁办公室的空间装饰多是跟随当时流行的新古典主义风格。

### 3. 20世纪60年代

这一时期，欧洲取代美国成为办公设计的先锋，景观式办公空间在这一时期形成。德国设计机构奎克波纳小组认为传统的办公空间已经不能满足现代工作的需要了，需要一种新型的办公空间形式——景观式办公空间（图2-6）。

景观式办公空间基于提高老板与员工的能动性，忽视部门与等级的障碍，提高工作质量的思路，强调信息交流的重要性。景观式办公空间强调适应性的必要性，提出办公建筑应适应组织机构的快速变化，而不至于过于干扰正在进行的活动。同时，还强调信息技术日益增长的重要性。预言计算机将取代办公室的日常工作，反映在办公空间的设计上，传统的办公布置被取消，档案放在远远的档案间，只留下常用的档案放在办公室的小推车上。家具随意地分组，并用屏风来隔断，用绿化来点缀，以此来强调人与人平等自由的接触，发挥个人独立性和能动性（图2-7、图2-8）。

图2-7　办公空间屏风隔断

图2-8　办公空间绿化

### 4. 20世纪70年代

这一时期，常见的单元式办公空间形式形成（图2-9），单元式的办公空间营造一种家庭式的办公氛围。整个建筑和室内空间的架构是由一个个面积和形式相一致的正方形单元组成，每个单元和相邻的单元以走道连通。这些单元的本身以半开敞的矮隔断和矮墙相隔开，这样每个单元内的工作组既保证了独立性，又增加了组和组之间的沟通。

### 5. 20世纪80年代

20世纪80年代，计算机等电子设备对办公建筑及其室内空间的设计带来了巨大的影响。早期有着庞大身躯的计算机只能容纳在建筑单元中，而现在计算机出现在员工的办公桌上，成为办公室的普通设备。此时的办公室里充斥着各种各样的电子设备，人们借助计算机、传真机、复印机、打印机、扫描仪等现代化的办公设备，实现了全部机械化的自动办公，办公效率提高了很多（图2-10）。

与此同时，依托于智能化的办公建筑的办公空间也出现了，利用先进的技术来控制空调设备、照明设备、防灾和防盗系统、通信和办公自动化等，除了可以实现舒适性、安全性的办公环境外，还具有高效、经济的特点。

图2-10　利用计算机办公

## 三、后工业社会

办公空间的变化发生在后工业社会，20世纪90年代以来，以信息和通信产业为代表的知识型产业成为世界经济的主要增长点，网络化、数字化和虚拟化成为新经济的主要特征。

一方面，信息技术使工作的范围不断打破空间的限制，覆盖全世界的各个角落。全新的数字化办公模式和概念的出现，使企业开始把更多的资金投入到计算机网络和相关技术中去，同时大幅度的削减用于新

（a）

（b）

图2-9　单元式办公空间

建办公室的经费。另一方面，新的信息系统使发展改变了关于工作和组织的概念，使办公人员实际上变成了“自由行动者”，他们享有办公地点和办公时间的自由。个人的工作效率不断提高，单位时间内所创造的社会财富空前巨大（图2-11）。

图2-11　开放自由共享办公间

## - 补充要点 -

### SOHO的办公空间形式

网络时代的到来使SOHO（Small Office Home Office）在世界范围内开始风行（图2-12）。SOHO缩小了办公空间，完全消除了办公室与家庭的空间距离，克服了交通的繁忙、拥挤，同时能源的共用，降低了资源的消耗，良好地解决了与日俱增的人口爆炸与用地稀少的难题。SOHO的工作方式使工作和生活合二为一，以往令人生厌的许多工作在家庭的温馨气氛中诚信使人感到兴趣，SOHO的工作方式已成为未来的主流。

（a）

（b）

图2-12　SOHO办公空间

# 第二节　未来办公空间设计发展的趋势

未来办公空间设计与传统办公空间设计相比，最大的特点是具有将对企业形象和办公功能进行不断升级和优化的设计能力。出众的办公场所设计可以改善工作效率，提升团队员工的办公热情。

## 一、生态化和人性化

办公空间设计的最终目的就是为人们提供一个良好的工作环境，真正满足办公人员的心理和生理需求。生态化办公空间主张人与自然的完美结合，力求在办公区域营造出生态环境，令使用者能够享受到充足的阳光，呼吸到新鲜的空气，观赏到迷人的景色，使每个人都能以洒脱的心情、旺盛的精力投入到工作中（图2-13）。

如果说办公空间生态化是人类对我们的生活家园大自然的关注，那么人性化的设计则是关注人本身。当今人对办公空间的需求，同样表现出回归自然、重文化、高享受和重情感、多元性、自娱性与个性化的趋向。因此协调“人、空间、环境”的相互关系，使其和谐统一，形成完美、舒适、宜人的空间，是未来办公空间发展的主要潮流。

人性化设计和环保意识将在办公空间设计中得到充分体现。未来的办公空间无论是外观、内部空间还是整体设计都将“以人为核心”，一切与人有关的素材、技术的应用使未来办公空间成为先进科技与人文高度平衡和谐的空间。

图2-13　时尚环保办公空间

## 二、科学化

办公空间的室内设计最大的目标是要为工作人员创造一个舒适、方便、卫生、安全、轻松的工作环境，以便更大限度地提高员工的工作效率，使之为社会创造更多的财富。这一目标在当前商业竞争日益激烈的情况下显得更加重要，它是办公空间设计的基础，是办公空间设计的首要目标。

为办公人员创造一个舒适、方便、卫生、安全的工作环境，以便更大限度地提高员工的工作效率，在很大程度上都需要依靠现代科学技术的新成就。舒适涉及建筑学、建筑光学、建筑热工学、环境心理学、人体工程学等方面学科；方便涉及功能关系布置，流线分析，人体工程学等方面的内容；卫生设计绿色材料、卫生学、给排水工程等方面的内容；安全问题涉及建筑防灾，装饰构造等方面的内容。离开了理性的科学基础，任何优美的形式也难以满足办公空间的基本要求。

## 三、生活与办公空间一体化

信息时代，人类体验的最高境界，将是“信息无处不在”，它将消除办公场所与家庭之间、固定空间与移动空间之间的缝隙。未来办公空间和生活空间的分离将逐渐退化，SOHO、MO（Mobile Office）等办公方式得以继续盛行。可变流动式空间形式更加便于人们沟通，增进感情，小型化、分散化、灵活化成为办公空间设计的新趋势（图2-14）。

通信手段的发展派生出许许多多的“虚拟办公室”，也就是在任何时间、任何地方都可以通过笔记本电脑和各种通信工具进行工作，这也将是SOHO发展的最新趋势。

（a）

（b）

图2-14　办公生活一体化

## 四、功能复合化趋势

未来的办公空间功能也会由单一走向复合，由不变走向可变。常常与酒店、购物、健身、娱乐、会员、休闲等功能相结合，以适应瞬息万变的信息社会需求。

未来理念的办公空间设计是“生活化和书房化”的方向，办公大楼上有“企业花园”、高尔夫球场、健身房等。办公由室内转向室内外，由办公走向生活，使工作人员在工作时生理和心理处于良好的状态，并且设计公共区作为一个模糊功能区，力求打造出24小时、全天候的CBD概念。

### — 补充要点 —

**新办公文化趋势**

未来的人们与企业都在强调个性化和个人风格，渴望用具有特点的形态表达个性，这种渴望体现在办公空间内出现了新办公文化倾向，使人文精神进入新境界。

办公空间将与企业CIS系统紧密地结合起来，把设计提升到展示企业形象的高度，并使办公空间的个性化增添新的内涵。不同层次的办公群体，在各自文化意识、审美情趣上的不同需求会有很大的差异。而且未来办公空间设计将不必为某些条条框框束缚，夸张的造型与变异的手法，表现形式从幻想到虚拟，都可以成为现实。

**课后练习**

1. 解释农业社会生产生活方式的原则。
2. 详细描述办公空间的形成和发展经历了哪些时期。
3. 解释单元式办公空间和景观式办公空间的区别。
4. 解释办公空间的科学化体现在哪些方面。
5. 根据自己的理解解释智能化办公空间的形成需要什么条件。
6. 根据自己的理解描述未来办公空间的发展趋势。

## 第三章

# 办公空间的功能分区和家具设计

PPT课件，请在计算机里阅读

**章节导读**

办公空间设计除了了解空间内人员的隶属关系及合作关系，注重人的生理、心理需求，保证合理的分区与规划等大局规划之外，各功能区域的设计也需要细心分析，注意门厅、接待室、工作区、管理人员办公室、领导办公室、会议室、设备与资料室等的特殊性，将办公空间作为庞大的系统性设计，要考虑的问题是多方面的，空间内的各相关区域设计及元素必须高度统一。

# 第一节　办公空间的功能分区

办公空间功能分区安排，首先要符合工作和使用的方便。从业务的角度上考虑，大多数平面布局顺序应是门厅→接待室→洽谈室→工作室→交流区→业务领导办公室→高级领导办公室→董事会，合理的工作顺序安排有利于工作。

## 一、门厅

门厅位于整个办公室最重要的位置，是给客户第一印象的地方，也是最能体现企业文化特征的地方，要精心设计，重点装修。门厅的面积要适度，过大会浪费空间，过小则影响企业形象。门厅的面积一般在几十至一百余平方米之间，门厅一般会安排前台接待，也可根据需要布置休息区（图3-1）。在面积允许的情况下，还可安排一定的园林绿化小景或者装饰品陈列区。

## 二、接待室

接待室是客人等待和洽谈的地方，也是产品展示

（a）　　（b）

图3-1　办公空间门厅

和宣传企业形象的地方，装饰设计应有特色，面积不宜过大，通常在十几至几十平方米之间。家具可选用沙发、茶几组合，也可选用桌椅组合，必要的时候两者可同时使用，只要布局合理即可，接待室根据需要预留陈列柜、摆设镜框和宣传作品的位置（图3-2）。

## 三、工作区

工作区即员工办公区，要根据工作需要和部门人数，并参考建筑结构来设定面积和位置。在布置工作区时应注意不同工作的使用要求：如对外洽谈的，位置应靠近门厅和接待室门口；统计或绘图的人员的位置应该相对安静（图3-3）。

工作区的室内布局主要体现在办公桌的组合形式上，一般的办公桌多为横竖摆设，若有较大的空间时，可考虑斜向排列等方式。特别对于流行的开敞式办公区来说，办公桌的组合更需要有新意，才能体现企业的文化与品位。在开敞式办公区里，常会安排3～4人的小会议桌，方便员工及时讨论解决工作上的一些问题。

## 四、管理人员办公室

管理人员办公室通常为部门主管而设，一般应紧靠所管辖的部门员工。其设计取决于管理人员的业务性质和接待客人等有关企业的决策方式。一般多采用单独式房间，但是有时也为便于相互间的信息交流、沟通而安排在开敞式办公区域的一角，通过屏风或者

（a）

（b）

图3-2　接待室

（a）

（b）

图3-3　工作区

（a）

（b）

图3-4　管理人员办公室

玻璃把空间隔开。管理人员办公室里面除了设有办公台椅、文件柜之外，还设有接待洽谈的桌椅，另外还可增设沙发、茶几等设施（图3-4）。

## 五、领导办公室

领导办公室要求多功能化，除了日常办公，还要有接见访客的空间与家具（图3-5）。这类办公室的平面布局设计，应选择通风采光条件好、方便工作的位置。面积要宽敞，家具型号也比较大，办公桌后面可设装饰柜或者台柜，增加文化气息和奢华感。办公台前通常有接待洽谈椅。在面积允许的情况下，可增设带沙发、茶几的会客和休息区。

## 六、会议室、设备与资料室

会议室是同客户交谈和员工开会的地方。在设计会议室前首先要明确会议室的使用目的，然后再决定会议室的形式、规模和数量。特别需要考虑的是如何提高其使用效率。会议室面积的大小取决于使用需要，如果使用人数在二三十人之内，可用方形、圆形、椭圆形、船形的会议台。人数较多的会议室，应考虑用独立两人桌，以作多种排列和组合使用。大会议室应设主席台。设备与资料室的面积和位置除要考虑使用方便外，还应该考虑安全、保养和维护的要求（图3-6、图3-7）。

（a）

（b）

图3-5　领导办公室

图3-6　会议室

图3-7　资料室

## 七、通道

通道是不可少也不宜多的地方，在平面布局时应尽量减少或缩短通道的长度，这样既可以节约面积和造价，也可以提高工作效率。通道的形式可分为三种：集中型结构、线型结构、分散型结构。通道形式的选择主要与公司的特定组织结构和经济紧密联系在一起。

但通道的宽度要足够，如主通道的宽度在1800mm以上，次通道不要窄于1200mm，除了便于行走，也是安全的需要（图3-8）。通道也能体现单位的形象，通道过窄，会让人对企业形象大打折扣。

图3-8　通道

## 八、更衣室

很多大型公司或企业非常注重形象包装和宣传，要求员工上班时间要穿工作服，如银行业、证券业、电信业或大型跨国公司等。在其办公空间的设计时，就要考虑为员工设计更衣室（图3-9）。更衣室男女分开，装修以满足需要为准，不作过多设计。

图3-9　更衣室

# 第二节 办公空间与人体工程学

办公空间是为人们办公需求提供的工作环境。在办公设计中，"人性化""高效率"是我们衡量环境质量的两大指标，人体工程学的研究则经常为设计师的创造性构想提供思路和依据。人体工程学从不同的立场出发有不同的定义，在办公设计中，它是研究人的工作能力及其限度，使工作环境有效地适应人的生理、心理特征的科学。

## 一、办公人体工程学

### 1. 认识人体工程学

人体工程学最早是被波兰学者雅斯特莱鲍夫斯基提出，在欧洲名为Ergonomics，它是由两个希腊词根"ergo"和"nomics"组成的。

"ergo"意思是"出力、工作""nomics"表示"规律、法则"，因此，Ergonomics的含义也就是"人出力的规律"或"人工作的规律"。日本千叶大学小原教授认为："人体工程学是探知人体的工作能力及其极限，从而使人们所从事的工作趋向适应人体解剖学、生理学、心理学的各种特征。"

国际工效学会给人体工程学下的定义是，人体工程学是一门"研究人在某种工作环境中的解剖学、生理学和心理学等方面的各种因素；研究人和机器及环境的相互作用；研究在工作中、家庭生活中和休假时怎样统一考虑工作效率、人的健康、安全和舒适等问题的科学"

### 2. 人体基准面测量（图3-10）

（1）矢状面 人体测量基准面的定位是由三个互相垂直的轴（铅垂轴、纵轴和横轴）来决定的。通过人体铅垂轴和纵轴的平面及其平行的所有平面都称为矢状面。

（2）正中矢状面 在矢状面中，将人体分为左右两部分的面，不管是不是对等的，只要是左右两部分就是矢状面，而左右对等的面被称为正中矢状面。

（3）冠状面 通过铅垂轴与横轴的平面与其平行的所有平面都称为冠状面。这些平面将人体分为前、后两个部分。

（4）水平面 与矢状面、冠状面同时垂直的所有平面都称为水平面。水平面将人体分为上、下两个部分。

（5）眼耳平面 通过左、右耳屏点及右眼眶下点的水平面称为眼耳平面或者法兰克福平面。

### 3. 人体工程学在办公空间设计中的作用

良好的办公空间能为人们办公提供舒适、轻松、愉悦的工作环境。在办公空间设计中，"人性化""高效率"是我们衡量环境质量的两大指标，通过对人体工程学的研究，设计师能在原有的基础之上对办公空间的设计有一个创新性的提高，能在原有的基础上使办公空间更符合这个时代人们的需求。

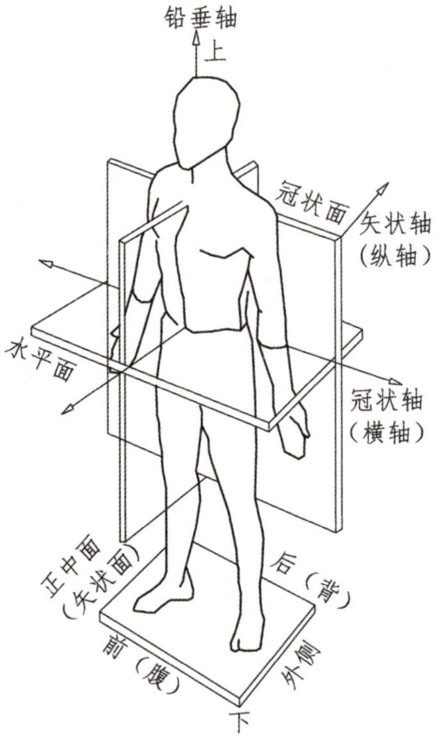


图3-10 人体基准面

（1）为确定人在室内活动中所需空间提供主要依据　影响空间大小、形状的因素很多，但最主要的因素还是人的活动范围以及家具设备的数量和尺寸。因此，在确定空间范围时，必须先清楚不同性别成年人在立、坐、卧时的人体平均尺寸，还有人在使用各种家具、设备和从事各种活动时所需空间的体积和高度，这样一旦确定了空间内的总人数，就能确定出空间的合理面积与高度。另外，人在使用办公家具时，其周围必须留有活动和使用的最小空间，这些要求都有人体工程学科学地予以解决。

（2）为办公家具的设计提供依据　办公家具是为人工作使用的，所以家具设计中的尺度、造型、色彩及其布置方式都必须符合人体生理、心理尺度及各部分的活动规律，以达到安全、实用、方便、舒适、美观的目的。

（3）提供适应人体的室内物理环境的最佳参数　室内物理环境主要有室内热环境、声环境、光环境、视觉环境、辐射环境等，人体工程学可以为确定感觉器官的适应能力提供依据，人的感觉器官在什么情况下能够感觉到刺激物，什么样的刺激物是可以接受的，什么样的刺激物是不能接受的，进而为室内物理环境设计提供科学的参数，从而创造出舒适的室内物理环境。

（4）研究人的心理行为指导设计　办公空间的环境仅仅只能满足人们工作的基本生理需求是远远不够的，要营造舒适、高效的办公环境，研究人在工作过程中的心理需求和行为特征也是非常重要的，这个研究结果可作为空间划分和装饰表现的依据之一（图3-11）。

## 二、人体尺寸

办公空间设计中最基本的人机问题就是尺度，为了能合理的确定办公空间的大小尺度，办公人员的作业空间和活动范围等，就必须对人体尺寸、运动轨迹等参数有所了解和掌握。

图3-11　舒适的办公环境

## 1. 人体静态尺寸

人体静态尺寸是人体工程学研究中最基本的数据之一，它是人体处于固定的标准状态下测量的。人的静态姿势可分为立姿、坐姿、卧姿和跪姿四种基本形态。人体的静态尺寸与人体关系密切的物体有较大的关系，如展具、服装、手动工具等。在设计中应用最多的人体结构尺寸有：身高、眼高、臀宽、肩宽、手臂长度、坐高、坐深等（图3-12）。

## 2. 人体动态尺寸

人体动态尺寸又称为人体功能尺寸，是人在进行某项活动时，肌体所能达到的空间范围，是被测者处于动作状态下所进行的人体尺寸测量，是确定室内空间尺度的主要依据之一。

动态人体尺寸分为四肢活动尺寸和身体移动尺寸。四肢活动尺寸是指人体只活动上肢或下肢，而身躯位置并没有变化，身体移动尺寸是指姿势改换、行

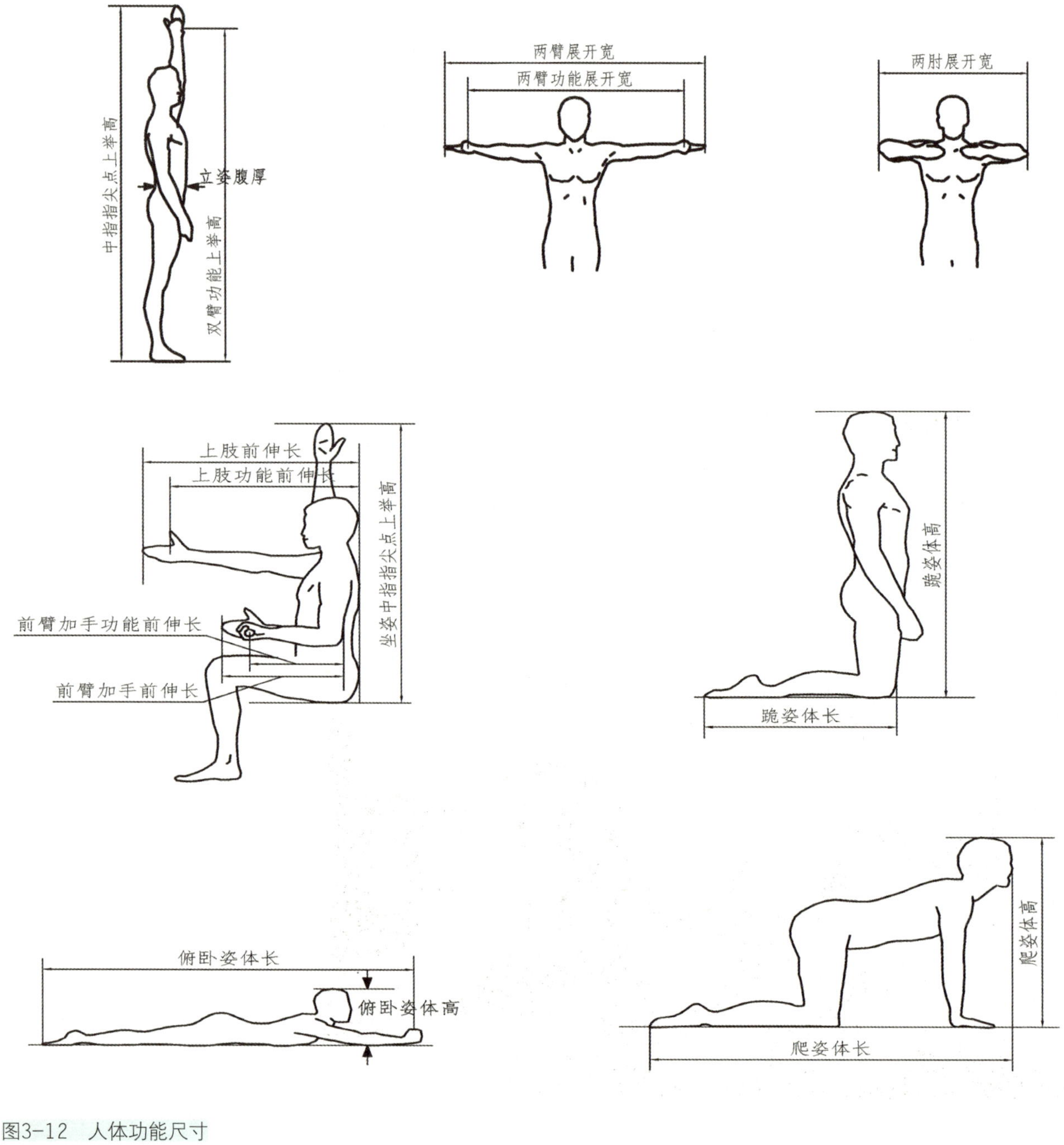


图3-12 人体功能尺寸

走和作业时所产生的尺寸（图3-13、图3-14）。

对于大多数的设计问题，人体动态尺寸可能具有更广泛的用途，因为人大多数时候是在运动着的。例如，在设计办公走道时，人所能通过的最小走道并不等于肩宽，因为人在向前运动时必须依赖肢体的动作。考虑过道时，要考虑到人走路时要摇摆50～60mm，至少要离墙壁50mm，所以一个人走路时走道宽可设计成约700mm，两人走路时走道宽约1300mm。

由于一些尺寸是以人处于不同姿态时手或足的活动范围为依据的，如资料柜的隔板高度和资料的存放区域划分，就是以手的活动范围和动作的难易程度为依据而设计的；大衣柜挂衣杆的高度就是要求以人站立时上肢能方便到达的高度为准。

### 3. 常用人体尺寸在办公空间设计中的应用

（1）身高　身高指人身体垂直站立时、眼睛向前平视时从脚底到头顶的垂直距离。主要应用于确定通道、门、床、担架等的长度，行走时空高的最小高度。

（2）立姿眼睛高度　立姿眼睛高度是指人身体垂直站立、眼睛向前平视时从脚底到内眼角的垂直距离。主要应用于在会议室、礼堂等处人的视线，用于布置广告或者其他展品，还用于确定屏风和开敞式办公室内隔断的高度。由于是光脚测量的，所以要加上

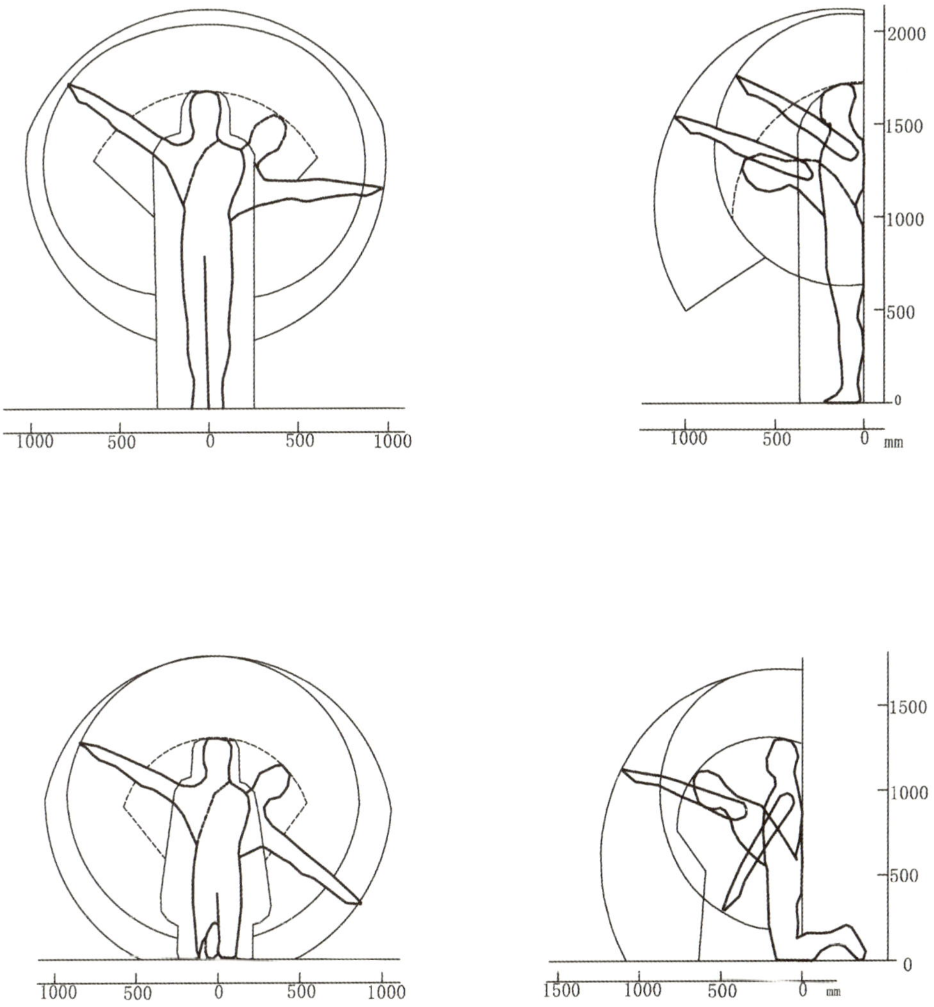


图3-13　人体活动空间尺寸

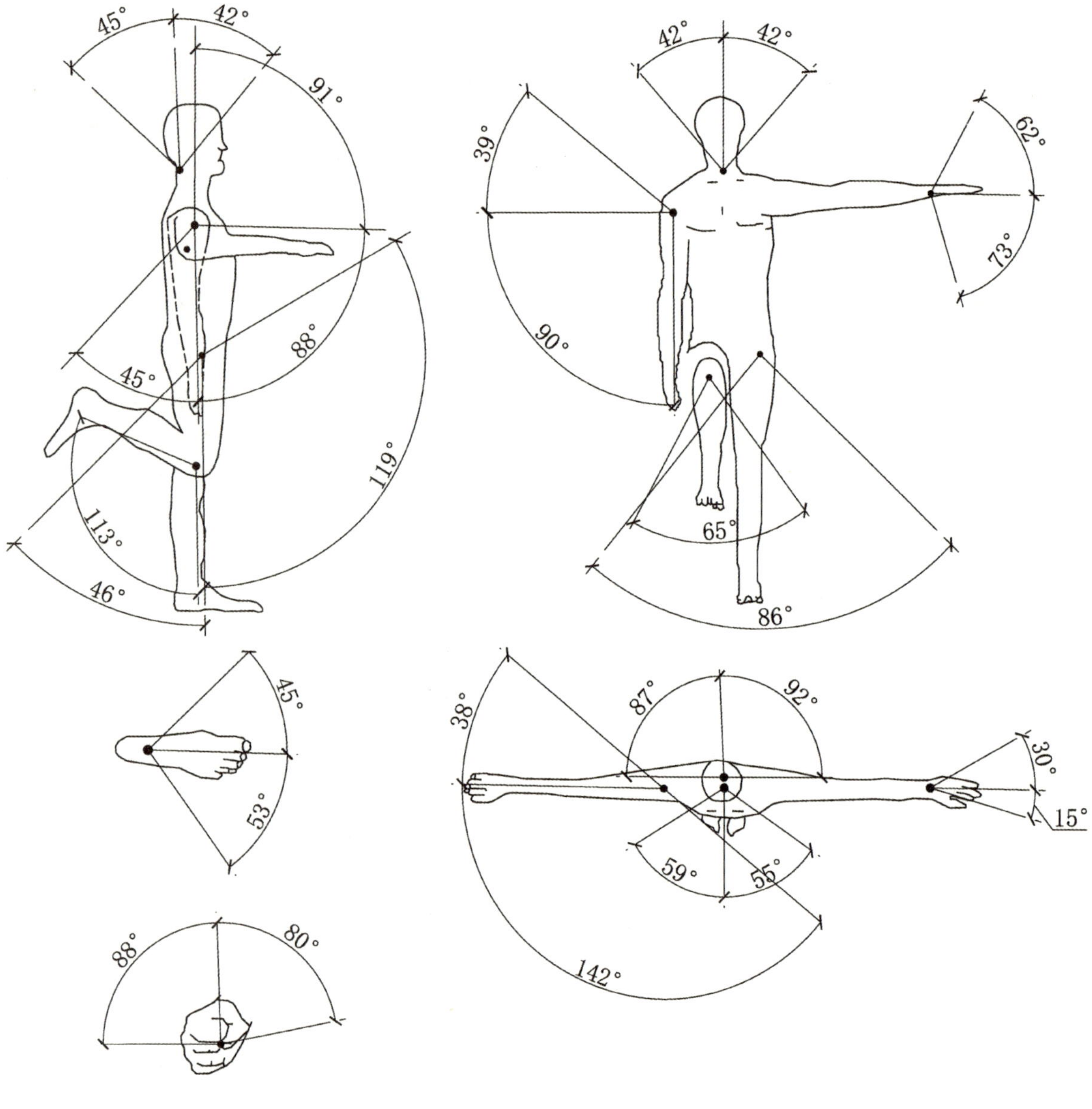


图3-14　人体各部位活动角度

鞋子的厚度，男子大约25mm，女子大约75mm。

（3）最大肩宽　肩宽可用于确定围绕桌子的座椅间距，也可用于确定公用和专用空间的通道间距，例如，一个人的肩膀宽约在600mm左右，所以要设计一条容纳两个人行走的过道就是1200mm宽，再考虑人走路时的摇摆，过道的理性宽度应该是1300mm。如果这条过道仅仅能确保一人行进，一人侧避的情况下，就需要900～1000mm宽。

（4）肘部高度　肘部高度是指从脚底到人的前臂与上臂结合处可弯曲部分的垂直距离。主要应用于确定站着使用的工作台的舒适高度，像梳妆台、柜台、厨房案台等。通常，这些台面最舒适的高度是低于人的肘部高度76mm。另外，休息平面的高度大约应该低于肘部高度250～380mm。

（5）肘部平放高度　肘部平放高度是指座椅坐面到肘部尖端的垂直距离。用于确定椅子扶手、工作台、书桌、餐桌和其他设施的高度。肘部高度的目的是为了使手臂得到舒适的休息。这个高度在140～280mm之间最合适。

（6）坐姿大腿厚度　坐姿大腿厚度是指从座椅

面到大腿与腹部交接处的大腿端部之间的垂直距离。柜台、书桌、会议室、家具及其他一些设备的关键尺寸与大腿厚度息息相关，这些设备需要把腿放在工作面下面。

（7）膝盖高度 膝盖高度是指从脚底到膝盖骨中点的垂直距离。坐着的人与家具地面之间的靠近程度，决定了膝盖高度和大腿厚度是否是关键尺寸。同时，座椅高度、坐垫的弹性、鞋跟的高度等都需要考虑。

**－ 补充要点 －**

**百分位的概念**

百分位表示具有某一人体尺寸和小于该尺寸的人占比统计对象总人数的百分比。以第五百分位、人体身高尺寸为例，表示有5%的人身高等于或小于该尺寸。

大部分人的人体测量数据是按百分位表达的，把研究对象分成一百份，根据一些指定的人体尺寸项目（如身高），从最小到最大顺序排列，进行分段，每一段的截止点即为一个百分位。以身高为例：第五百分位的尺寸表示有5%的人身高等于或者小于这个尺寸。换句话说就是有95%的人身高高于这个尺寸。第九十五百分位则表示有95%的人等于或者小于这个尺寸，5%的人身高高于这个尺寸。第五十百分位为中点，表示把一组数据平分成两组，较大的50%和较小的50%。第五十百分位的数值可以说是最接近平均值，但是不能理解为有“平均人”这个尺寸。

百分位选择主要是净身高，所以应该选用高百分点数据。因为顶棚高度一般不是关键尺寸，设计者应考虑尽可能地适应每一个人。

# 第三节 办公空间内的家具设计

办公家具是办公空间设计的主体，与人的接触最为密切，办公家具设计的好坏直接影响到工作人员的生理和心理健康，办公的质量和效率等。除了一些固定家具需要专门设计和制作外，现代办公家具大都采用选购的方式。因此，选择合适的家具与布置对于办公空间的设计尤为重要。

## 一、办公家具的选择要点

### 1. 符合使用功能

这是指人身体的各部分在使用办公家具时要舒适、方便和安全。比如办公桌要考虑其使用者所用设备或工具及所储存资料的方式。目前，为满足各种使用功能而设计的家具层出不穷，比如可以随意升降的多种用途的办公桌椅，把计算机放在桌面以下的办公桌等，都是为了便于工作或是用于各种特殊用途。

### 2. 选择合理耐用的材料

家具除了好用之外，还应该有合理的结构和耐用的材料，只有这样才牢固、安全和易于搬动。目前，办公家具按使用材料的不同分类，有以下几种。

（1）原木家具 原木家具是一种采用传统材料的家具类型，其主要特点是造型丰富、色泽自然、纹

图3-15　原木办公家具

图3-16　胶合板办公家具

理清晰而有变化，有一定韧性和透气性（图3-15）。适用于家具的主要木材有水曲柳、松木、柳木、樟木、红木、花梨木、紫檀木等。

（2）胶合板家具　胶合板包括夹板、中纤版、密度板、刨花板等。胶合板家具是目前用得最多的办公家具（图3-16），其优点是取材和制作容易，既适合工厂大批生产，也适合施工单位现场制作，材料不变形或少变形，饰面多且色泽均匀，饰面可漆各种油漆或贴各种材料，还可以做各种造型，如弧形、几何形等。

（3）多材质家具　多材质家具由金属、木材、胶合板、玻璃、塑料、石材、人造革或真皮等两种以上的材料构成（图3-17、图3-18）。这类家具因能以不同材料满足人对家具不同部位的不同要求而发展很快。目前座椅类家具几乎全是这种产品，而且可取各材料的优点，所以无论在形式、用途、使用效果方面，还是在价格方面，都有相当大的优势。

### 3. 家具的形式要符合单位的形象

办公空间设计的一个重要任务就是塑造单位的形象，而家具作为其中重要的部分，起着不可忽视的作用。因而家具的形式不仅要美观实用，还应与用户的业务性质和应有的单位形象一致，并在其中起到协调和点缀的作用。因此，在设计和选用办公家具的材料时应注意以下几点。

（1）办公家具应以实用简洁为主

办公家具主要为工作所用，采用实用简洁的家具更可体现单位的务实作风和效率，一些过分雕琢、造型复杂的家具反而会使人感到厌烦，让人觉得缺乏时

图3-17　玻璃桌面

图3-18　皮质沙发

代感，也不实在，但是领导的办公室可根据情况考虑安排。

（2）符合单位业务性质

设计或者选择符合单位特征的家具，能体现本单位形象。比如一些雕花的中西式家具放在一般的行业办公室不太合适，但是用在文物或有传统特色的单位，却能加强其业务形象；一些造型活泼奇特的家具，用在儿童产品行业能起到意想不到的效果。

#### 4. 家具要与室内环境协调

家具相对于室内空间说，具有较大的可变性，设计师往往利用家具作为灵活的空间构件来调节内部空间关系，变换空间使用功能，或者提高室内空间的利用效率。另一方面，家具相对于室内纺织品和装饰物来讲，又有一定的固定性，家具布置一旦定位、定型，人们的行动路线、房间的使用功能、装饰品的观赏点和布置手段都会相对固定了，甚至房间的空间艺术趣味也因此被确认。在处理有关家具的设计问题时，不能脱离整体，脱离统一的室内空间组合要求来孤立地解决家具的设计与陈设布置问题。

## 二、办公家具的设计

### 1. 办公桌

办公桌（图3-19）是工作人员进行业务活动和处理事务的基本平台，办公桌的宽度、深度、高度决定了工作人员的作业范围和姿势。办公桌的设计应该从人体工程学的原理出发，考虑人体基本尺度、肢体活动范围和运动规律，否则容易带来操作上的不便和易造成工作疲劳，比如办公桌过高或者过低都会导致腰、肩的不适。

随着数字化办公方式的普及，计算机已成为很多办公空间的必备工具，设计办公桌时应考虑到计算机操作人员的需要，包括键盘、鼠标的位置、显示屏的角度以及其他输入、输出设备的配备。办公桌的单体作为开放式空间组合的基本单元，它不仅可以为个人提供独立的工作区域，还能实现现代办公所要求的人员组合上的可能性，对空间的利用和提高是一种策略。对于一些特定场所和特定的办公方式，需要考虑

图3-19　办公桌

个性化的办公设计，在符合人体工程学的原理上，根据环境和使用者的需求，适当调整常规尺度。

### 2. 工作椅

工作椅是人在工作时所坐的椅子，人体工程学从理论上证明了人的站立姿势是自然的，而坐卧姿势改变了自然的状态。人在坐下时盆骨要向后方回转，同时脊椎骨下端也会回转，脊椎骨不能保持自然的S形，就会变成拱形，人的内脏不能得到自然平衡就会受到压迫的痛苦，脊椎就要承受不合理的压力。因此，若要使人的脊椎回到自然放松的状态，就要借助一些辅助工具，那就是从人体工程学的角度定义的工作椅。

对椅子功能评价包括臀部对坐面的体压分布情况，坐面的高度深度、曲面，坐面及靠背的倾斜角度等是决定人的坐姿重心及舒适度的重要因素。人体工程学关于椅子支持面条件的研究综合了多方面实验结果，其中有三种形式，第一种是一般的办公用的椅子，第二种是一般的休息用的椅子，第三种是有头枕的休息椅。

### 3. 办公会议家具

在办公会议家具中（图3-20～图3-24），一般来说，圆形的会议桌和正方形的会议桌有利于营造平等的交流氛围。而长方形的会议桌、船型的会议桌比较适合区分与会者身份和显示与会者地位的会议。当长方形会议桌的纵向尺度过大时，会影响与会者之间的视线交流，而船型的会议桌更有利于与会者视线的交流，设计中应该根据空间的大小、形状合理安排会议桌的选型、尺度及座位容量。

在会议室的空间布局中，会议桌与座位以外四周的流通空间要安排合理。根据人体工程学的原理，从会议桌边到墙面或者其他障碍物之间的最小距离应为1220mm，该尺度是与会者进入座位就坐和离开座位通行的必备流通空间。

图3-20 普通会议桌面

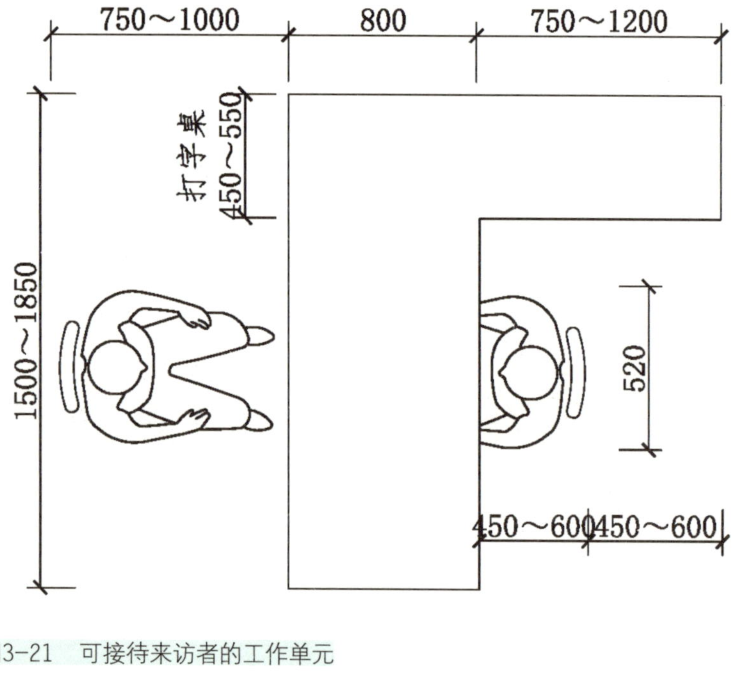


图3-21 可接待来访者的工作单元

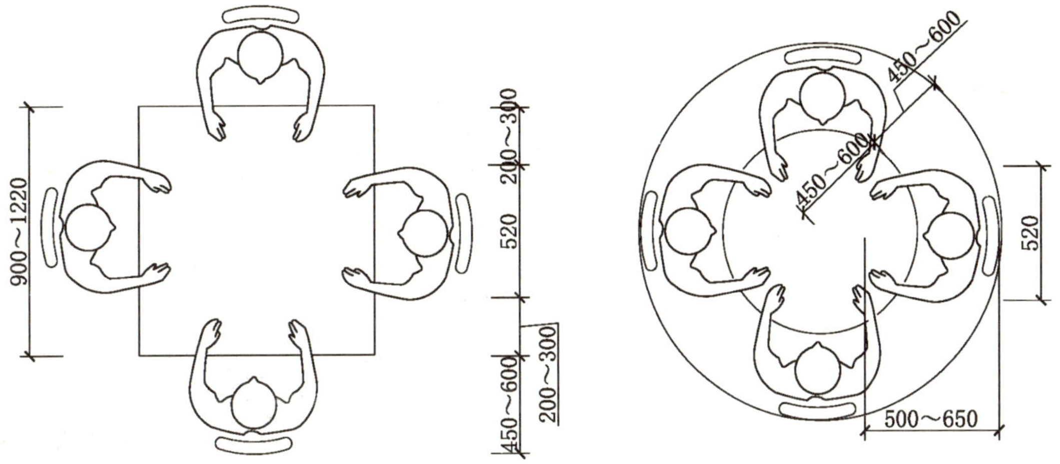


图3-22　四人会议桌平面尺度

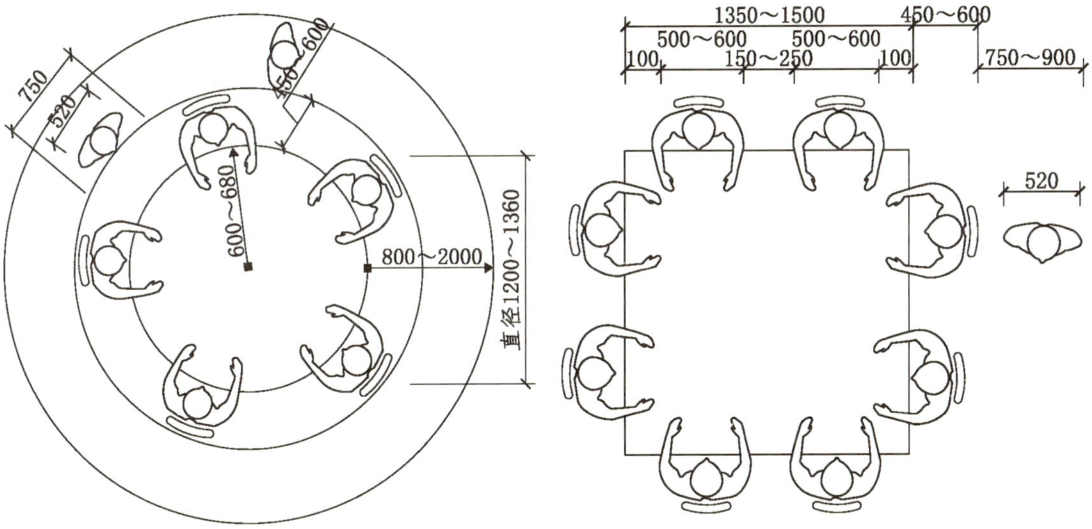


图3-23　五人与八人会议桌平面尺度

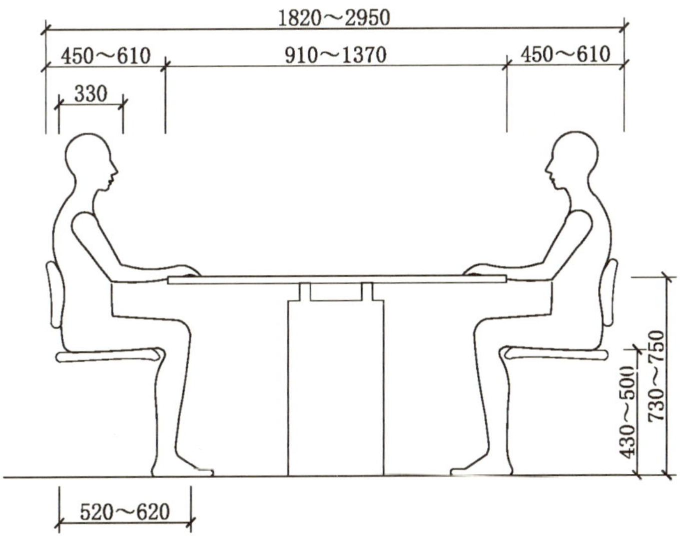


图3-24　会议桌立面尺度

## 三、其他办公单元设计

### 1. 办公工作单元

办公工作单元（见图3-25）中的每个因素都要从更多相关人员的行为因素出发。通行、办公、整理资料、接待等方面的协调发展，充分发挥个人的主观能动性和创造性，现代办公格局的“个性化”需求越来越普遍，相对独立的中小型工作单元可为工作人员提供不同程度的独立空间，使他们能在不受外界干扰的情况下工作、讨论、互相协调。针对一些工作方式比较灵活的机构，办公空间的规划应考虑弹性发展和重组的需要，在工作单元的设计上应采取便于组装、整合、分隔的空间组织形式（图3-26～图3-28）。

图3-25　办公工作单元

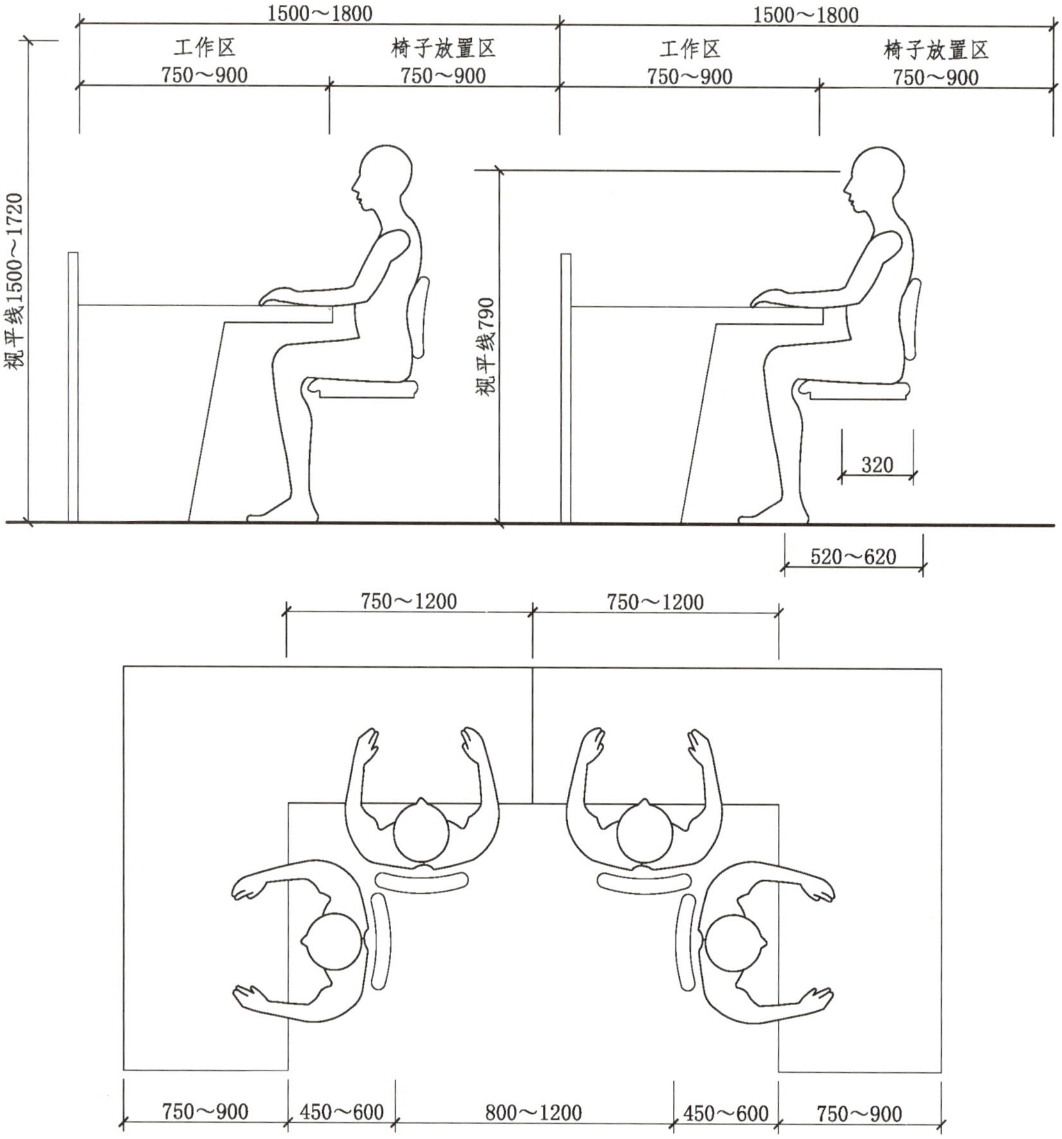


图3-26　相邻工作单元的工作间距

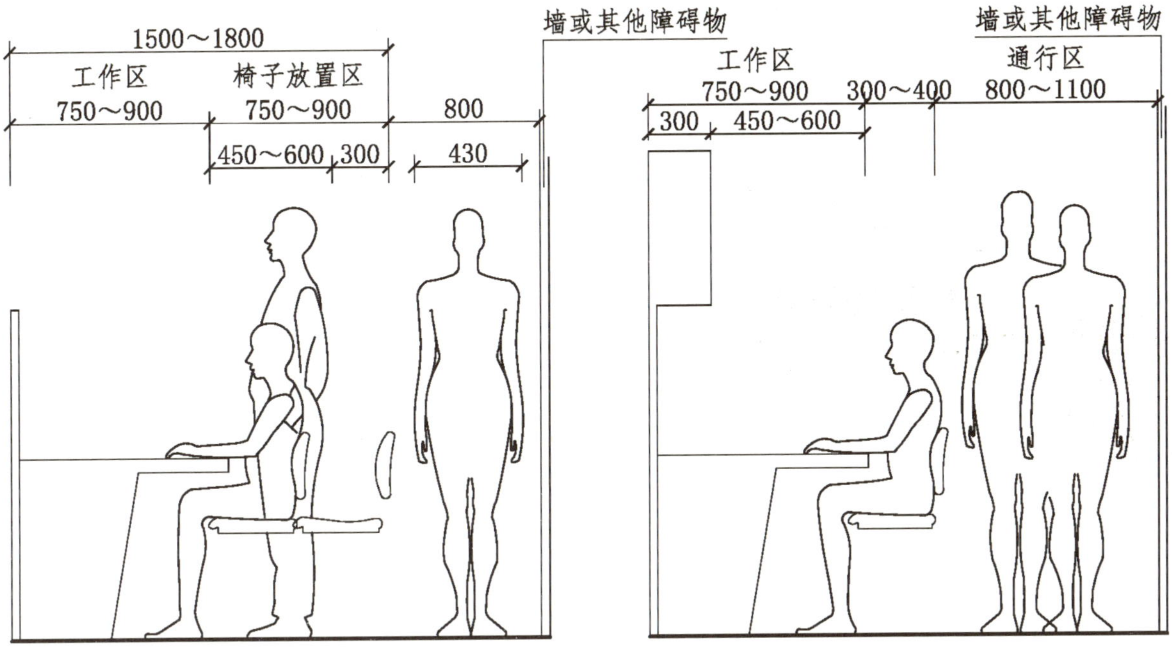


图3-27　可通行的工作单元应考虑行走所需的空间

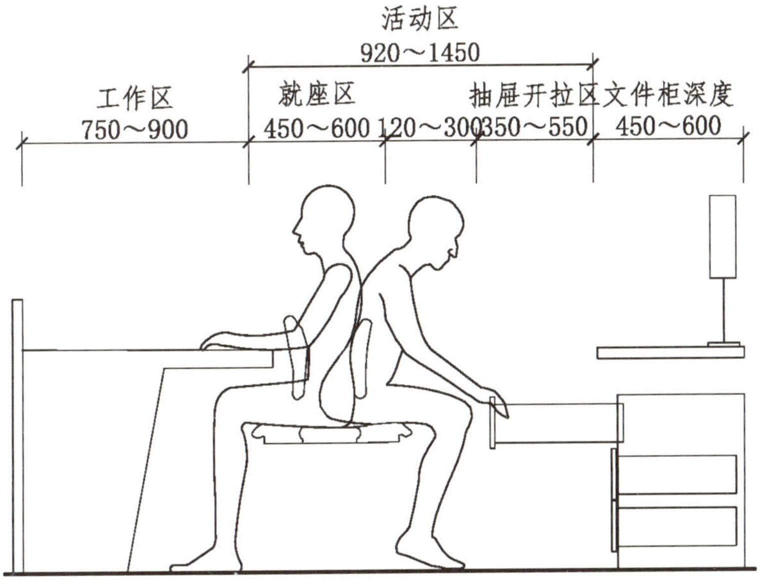


图3-28　带资料柜的工作单元应考虑取放资料的动作空间

## 2. 办公接待空间

办公接待空间是很多机构为了展示自己的形象，将接待空间作为空间设计的一个重点，形成对外的形象窗口（图3-29）。但不同属性的办公机构通常将面对不同的服务对象，设计者应充分研究并针对这些差异和特征进行空间的设计。接待对象不同，比如：儿童、坐轮椅的客人或是成年人，接待台的造型及尺寸就不同。接待过程中所需要的时间长短、等候人群的多少等，也是设计时要考虑的因素（图3-30、图3-31）。

图3-29　办公接待空间

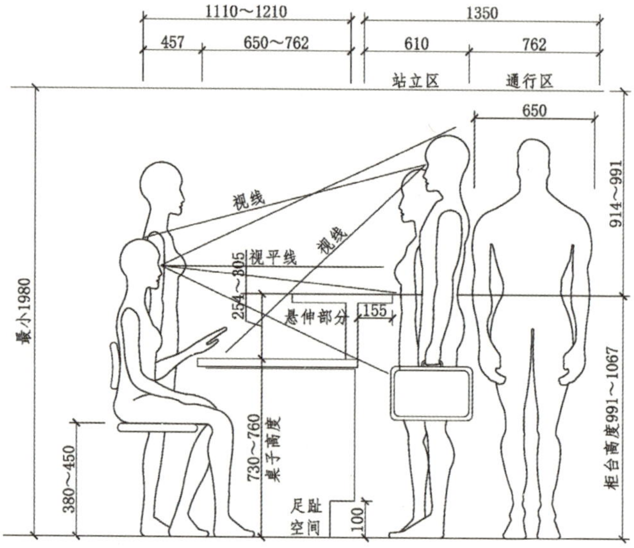


图3-30　接待工作台和柜台的高度

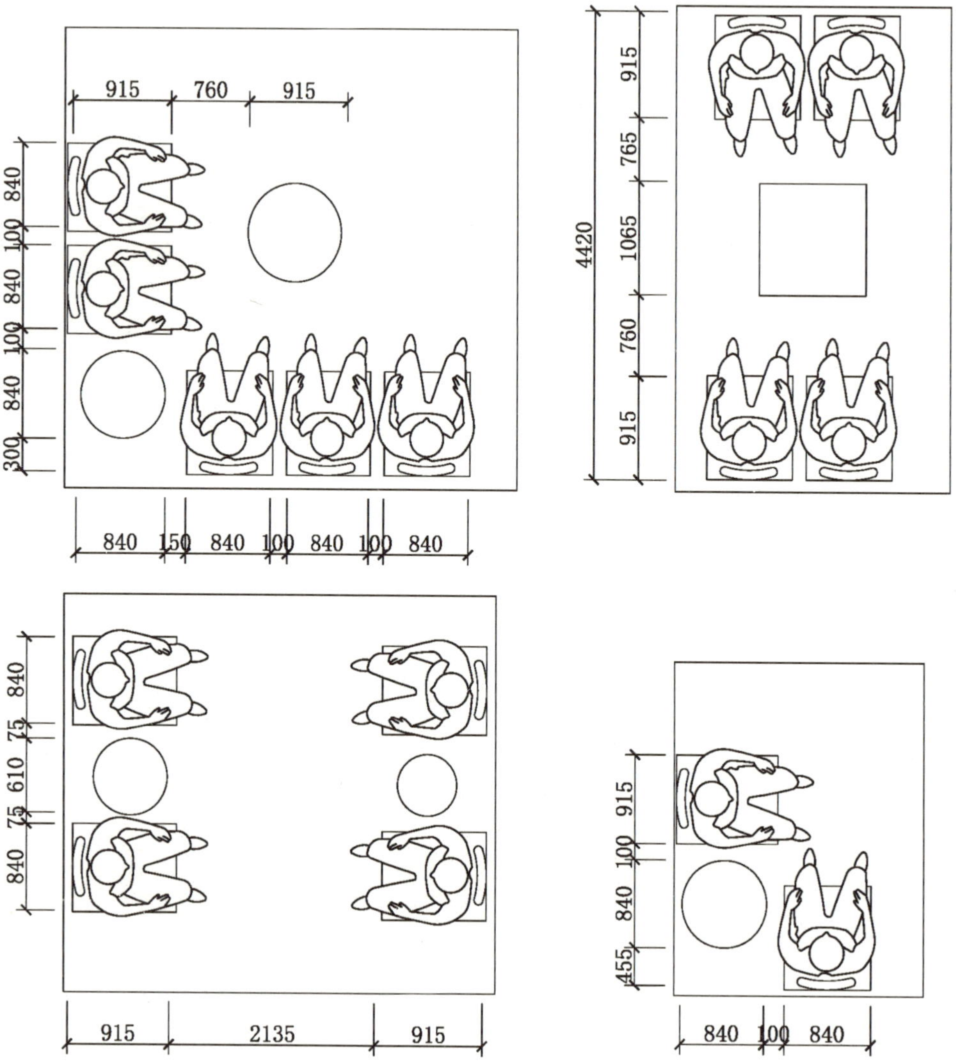


图3-31　接待空间等候区的平面尺度

## 3. 隔断

现代建筑内部空间的增大为创造集团式的办公格局提供了条件，设计者应利用可移动、可拆装的隔断（图3-32）灵活分隔空间，根据功能需要创造出相对封闭或开放的空间单元，以满足现代办公形式的灵活性。在处理隔断时要注意，不同高度的隔断由于对视线或者行为的不同程度的隔断，能以多种形式创造出具有独立感的工作空间（图3-33、图3-34）。

此外，隔断表面的材质感、透明度、体量、造型等，也会在一定程度上影响人们对空间独立性的感觉。除了分隔空间以外还能作为小区域内的墙体，起到储物、隔音、引导流通的作用。

图3-32　隔断

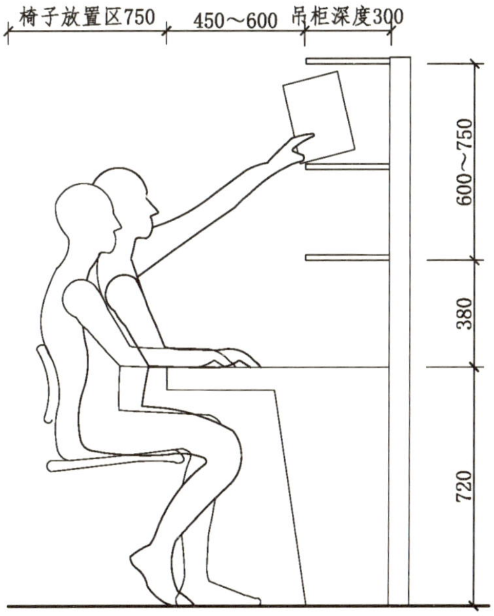


图3-33　隔断上的吊柜尺度

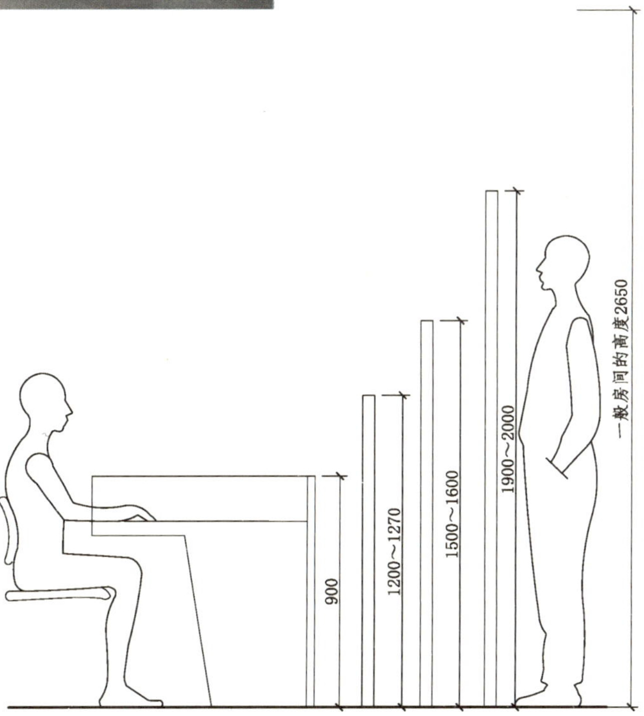


图3-34　隔断的通常高度

## - 补充要点 -

### 办公家具摆放禁忌

1. 沙发要尽量摆放在远离阳光的地方，猛烈的阳光会令沙发表面褪色，直接影响沙发的耐用性。

2. 摆放影音器材的位置也要远离窗户，避免声波对玻璃产生振动引起噪音，过强的声波甚至会震碎玻璃。

3. 市场上的灯饰大多以吊灯为主，使用必须得当，如房子太低，就要留意吊灯的高度，太低会妨碍走动。吊灯安装在中间位置，光线会更平均。至于吊灯的高度，最理想的与桌面距离50～60cm，太高的话可能会令人感到耀目，太低又会撞到头。

4. 办公桌不宜对着镜子，因为镜子反射其他事物，当人在思考状态下，可能会因此而受惊。办公桌也不宜位于梁下，因为坐在梁下，潜意识会感到受压迫。

### 课后练习

1. 解释办公空间分为哪几个区域。
2. 根据自己的观察，详细描述办公家具摆放的一些禁忌。
3. 解释人体工程学的含义。
4. 解释人体工程学在办公空间设计中的作用。
5. 详细描述在办公家具设计中，人体工程学体现在哪些方面。
6. 详细描述办公家具的选择要点。

## 第四章

# 办公环境设计

PPT课件，请在计算机里阅读

**章节导读**

办公环境是直接或者间接作用和影响办公过程的各种因素的综合，从广义上来说，它是一定组织机构的所有成员所处的大环境；从狭义上说，办公环境是一定组织机构的秘书部门工作所处的环境，它包括人文环境和自然环境。人文环境包括文化、教育、人际关系等因素；自然环境包括办公室所在地、建筑设计、室内空气、光线、颜色、办公设备和办公室的布局、布置等因素。

# 第一节　办公环境与企业文化

办公空间设计一定要体现公司独特的企业文化。在设计过程中要把办公空间设计中所涉及的众多项目体现到图纸及预算当中，不同的办公室装修项目往往在办公室装修中起着决定性的作用。企业文化体现在办公空间环境的装饰设计中，光设计、声设计、色彩设计等都对企业文化有一定的影响。

## 一、办公室环境布置的目的

### 1. 创造舒适而又工作效率高的环境

这是为了有效辅助上司的工作，避免上司受到办公琐事的干扰，有一个清静、舒适的环境，用于思考重大问题。

### 2. 建立挡驾制度

为了不让上司把宝贵的时间浪费在不必要的人事接待上，需要把文秘办公室与上司办公室分开，成为两个独立的工作区域，但在距离上相隔不宜太远，便于文秘人员经常汇报和请示，也便于上司随时布置工作。

### 3. 塑造良好的形象

前台是客户和群众到单位来时最先接触到的地方，而接待室则是来宾逗留时间比较长的地方。这些场所对塑造组织形象有很大的作用，可以看作是向来宾展示自己，生动推销自己“无形产品”的橱窗（图4-1）。

（a）

（b）

图4-1　前台空间设计

## 二、办公室环境遵循原则

办公室环境可划分为硬环境和软环境，硬环境包括机关的办公处所、建筑设计、室内空气、光线、颜色、办公设备及办公室的布置等外在客观条件；软环境包括机关的工作气氛，工作人员的个人素养、团体凝聚力等社会方面的环境。

### 1. 协调、舒适

协调、舒适是办公室布置的一项基本的原则。这里所讲的协调，是指办公室的布置和办公人员之间配合得当；舒适，即人们在布置合理的办公场所中工作时，身体各方面觉得比较舒适；对工作环境觉得舒适，工作才比较称心。

协调的内涵是物质环境与工作要求的协调（图4-2）。它包括：办公室内设备的空间分布、墙壁的颜色、室内光线、空间的大小等与工作特点性质相协调；人与工作安排的协调；人与人之间的协调，包括工作人员个体、志趣、利益的协调及上级与下级的工作协调等。只有各方面的因素都能协调好，在办公室工作的人才会觉得舒适，这也有利于提高团体的工作效率与团队的合作精神。

### 2. 便于监督

监督是对工作人员的工作进行监督与督导，办公室的布置必须有利于监督，特别要有利于工作人员的自我监督与内部监督。

办公室的布置要适应自我监督的需要。所谓自我监督，就是进行自我约束和控制，自觉地遵守相关的规章制度，要有很强的自制能力，自觉地做好自己的本分工作，办公室的布置还要适应机关内部监督的特点和需要。

### 3. 有利于沟通

沟通是人与人之间思想、信息的传达和交换，通过这种信息传达和交换，使人们在目标、信念、意志、兴趣、情绪、情感等方面达到理解、协调一致。沟通是心灵的窗口，沟通从心开始，人与人之间的沟通最重要的是真诚，所以沟通对于人类来说是十分重要的（图4-3、图4-4）。

办公室作为一个工作系统，必须保证充分的沟通，才能实现信息的及时有效地流转和传递；系统内各环节才能动作协调地运行。在办公室内也要经常地进行必要的有效的沟通，这不仅能提高工作的效率，而且能够促进员工之间情感的交流和友谊。

### 4. 整洁、卫生

整洁、卫生包括两个含义：一是办公用品的整齐有序，二是室内的干净卫生，这两方面是相互联系和影响的（图4-5、图4-6）。整洁是指办公室的布置合理、整齐清洁。所以安置办公设备时，要节省空间，以使室内有较大的活动场地；办公桌与文件柜

（a）

（b）

图4-2　企业办公环境

的相对位置也很讲究，一般情况下，文件柜应位于办公桌后方，伸手可及；桌上物品应分类摆放，整齐有序。电话机应放在办公桌的右上角，以方便接听。卫生是办公室环境的重要内容之一，办公室内的垃圾要及时地清理，时刻保持办公室的各方面的清洁。

图4-3　工作人员之间的交流

图4-4　员工之间便于沟通

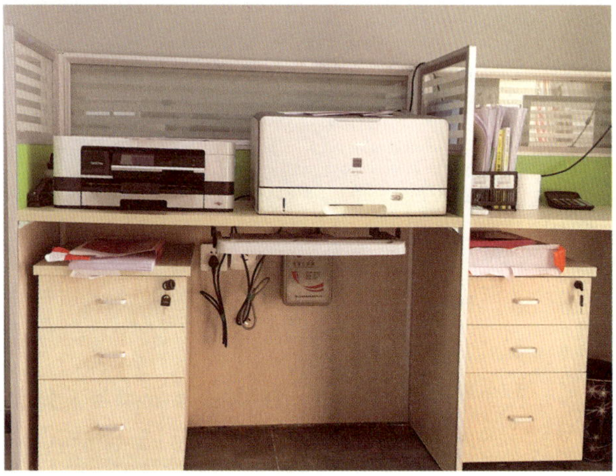

图4-5　办公设备摆放有序

图4-6　打扫办公室

## - 补充要点 -

### 办公楼环境改造的意义

办公环境是企业形象的黄金名片，改造后的办公楼一层主要展示企业品牌形象，如用世界经典建筑剪影串联起的20张精选工程图片以及国家领导人视察工程现场的照片都可以充分展现公司的强劲实力；二层重点打造文化建设，员工文化墙上各式各样的活动照片展现了团队自信、自豪、自立的精神面貌，党建园地和创先争优专栏为党员搭建了一个教育、学习和交流的平台，廉政走廊时刻为干部员工敲响警钟，荡涤心灵；三层将营销、工程管理等工作流程用时尚动感的设计呈现，在视觉享受的同时对各种工作流程一目了然。崭新的办公环境能增强企业文化的穿透力和震撼力，也能激励广大员工的工作热情，并能树立企业良好的品牌形象，更能表现干大事、创大业的信心和魄力。

# 第二节　办公空间的绿化

人们工作生活压力越来越大，办公室的舒适化、生态化、人性化设计，成为现代办公空间新的特征和亮点。设计师在进行现代办公空间设计时，应树立正确的设计理念，加强办公室的绿化设计，达到美化空间，净化室内空气，改善人们的工作环境，使办公环境更加人性化的目的。

## 一、办公空间绿化设计的作用

### 1. 组织室内空间

室内绿化经过适当的组合处理，在组织空间、丰富空间层次方面能起到相当积极的作用。

（1）引导空间　将绿化用于不同品格空间的转换点，具有极好的引导和暗示作用，有利于积极地组织人流，导向主要活动空间和出入口［图4-7（a）］。

（2）限定空间　室内绿化对于空间的限定具有更大的灵活性，被限定的各部分空间相对独立又不失整体空间的开敞完整性［图4-7（b）］，非常适合现代开敞式办公空间模式。

（3）沟通空间　用植物作为室内外空间的联系，将室外植物延伸至室内，使内部空间兼具有外部自然界的要素，这样的过度自然流畅，可以有效地打破室内空间的局限感。

（4）填补空间　室内总有一些利用不上但放着不管又觉得缺点什么的地方，这时，绿色植物是最佳的填充物品（图4-8、图4-9）。根据空间大小选择合适的植物进行布置，除了美化构图外，还能增添不少生机和活力，这是其他物品都无法替代的。

### 2. 美化空间和陶冶情操

因为现代都市生活的快节奏，人们越来越疏远自然。而将植物引进办公室，则等于将现代建筑与自然环境做了融合。繁忙的工作之余，抬头看看郁郁葱葱、充满生机的植物，可以使视觉神经和心态都得到调整、放松。

（a）

（b）

图4-7　绿化的作用

图4-8　办公墙面绿化设计

图4-9 办公空间植物的摆放

3. 净化空气和改善环境

植物的光合作用和叶片吸热、吸声作用使它们具有了调节室温、净化空气、减少噪声的生态特性。

4. 提升企业的文化品位和经济效益

具有人文韵味的绿化设计为员工创造一个优美的、生态的自然工作环境，有益于员工的身心健康，让员工在舒适的办公空间里有亲近感、安全感。员工在心情好的状态下也会提高工作效率和质量，给公司带来潜在的、间接的经济效益。

## 二、办公空间绿化的配置要求

1. 植物的选择

室内植物的选择，首先应注意室内的光照条件，这对选择植物尤为重要。同时，室内的温度和湿度也是选择植物必须考虑的因素。因此，季节性不明显、在室内易于成活是选择室内植物的必要条件。其次要求形态优美、装饰性强。另外也要充分了解植物的特性，避免选用有毒、高耗氧和香气过于浓重的植物。最后则是根据空间的大小尺度和装饰风格等来决定植物的品种、色泽等方面（图4-10、图4-11）。

2. 植物的主要品种

（1）常年观赏植物　文竹、仙人掌、万年青、宝石花、石莲花、雪松、罗汉松、苏铁、凤凰竹等。

（2）春夏季花卉植物　吊兰、报春花、金盏花、海棠花、茉莉花、木槿、香石竹、锦葵、龙舌兰等。

（3）秋冬季花卉植物　金柑、冬青、天竺葵、菊花、芙蓉花等。

（a）

（b）

图4-10 种养植物

（a）

（b）

图4-11　盆栽

## －补充要点－

植物的配置考虑因素

1. 尺度。室内植物小可几厘米，大可及数米，因此在植物的配置上应注意与室内空间相协调。

2. 特征。每种植物都具备自身的特征，这主要体现在形态、质感、色彩和生长特点上。

3. 构图。室内绿化配置应符合室内整体构图的要求，避免因种类过多而带来的杂乱无序和无性格现象。同时，还应考虑四季色彩的变化等。

# 第三节　办公空间的光环境

光环境对办公室的工作人员来说，是非常重要的。办公室内要有适当的照明，以保护工作人员的视力，如果长期在采光、照度不足的场所工作，很容易引起视觉疲劳，这不仅会影响工作的效率，久而久之还会造成员工的视力下降，不仅会损害视力，而且会影响情绪。但亮度也不能太高，过高的亮度也会给员工的视觉造成伤害，所以在实际中，要有适当的采光和亮度的办公室才能更好的工作，这不仅有利于员工的身心健康，也有利于提高工作效率。

## 一、办公空间的照明质量

照明质量是衡量照明设计好坏的主要指标，评定照明质量的优劣需要综合考虑各方面因素（图4-12）。

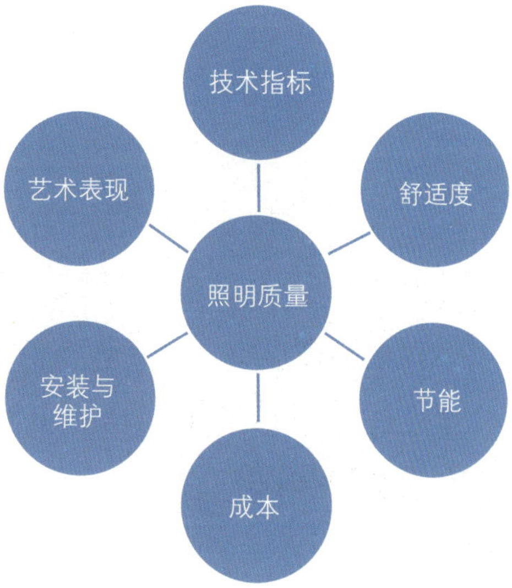


图4-12 评价照明质量的6大指标

### 1. 合理的照度水平

随着雇员办公的相对独立和交流方式的影响，将直接决定办公室的结构类型。单元办公区员工注意力集中，工作专注，而综合办公区集中办公，交流方便。因此不同的应用场合其照明方案是不同的。一般用平均照度用来衡量某一场合的明亮程度（表4-1）。

表4-1 不同地方的平均照度

| 平均照度/lx | 场所 |
|---|---|
| 1000～1500 | 制图室、设计室 |
| 500～800 | 高级主管人员办公室、会议室、一般办公室 |
| 300 | 大厅、地下室、茶水室、盥洗室 |
| 200 | 走道、储藏室、停车场 |

注：平均照度单位：lx= 流明(lm) ×利用系数×维护系数/面积

（1）利用系数　照明设计必须要求有准确的利用系数，否则会有很大偏差。影响利用系数的大小有以下几个因素：灯具的配光曲线、灯具的光输出比例、室内的反射系数（天花板、墙壁、工作桌面）、灯具排列（图4-13～图4-15）。

（2）维护系数　照明设计要考虑到灯具使用一年后的平均照度是否能维持标准。所以要考虑维护系数。影响维护系数有以下几个因素：日光灯管的衰竭值，日光灯管及灯具粘附灰尘，塑料PS板老化或格栅铝片氧化等。

良好的办公室光环境应该是符合人的生理和心理健康的、节能高效的光环境，它包括对天然光的充分利用，人工光的合理设置与控制、协调，人工光对环境以及天然光环境的模拟等方面。现代城市快节奏的生活方式造成人们紧张的情绪和充满有压力的状态，越来越多在办公室中度过自己的一天的人，渴望追求工作环境中的人情味，因此，在办公室营造良好的光环境是十分重要的。

### 2. 适宜的亮度分布

对于大中型的办公空间，常在顶棚有规律地安装固定样式的灯具，如格栅灯、筒灯等，以便在工作面上得到均匀的照度，并可以适应灵活的平面布局和空间分隔，这种均匀的照度是以满足办公书写要求为前提的，但对非办公区域则不需要如此高的照明要求，以免增加耗电量造成浪费（图4-16、图4-17）。

图4-13 墙壁对光线的反射

图4-14 天花板对光线的反射

（a）

（b）

图4-15　办公空间照明灯

图4-16　会议厅灯光

图4-17　电灯均匀分布

工作面附近区域的亮度分布非常关键，如果亮度太强，人的注意力不易集中；如果太弱，容易造成视觉疲劳。因此，工作面的光照度与周围物体表面的亮度应该有一个适度的亮度比（表4-2）。

表4-2　办公空间亮度比推荐值

| 所处场合情况 | 亮度比推荐值 |
| --- | --- |
| 工作对象与周围之间（如书和桌子之间） | 3：1 |
| 工作对象与离开它的表面之间（如书与地面或墙面之间） | 5：1 |
| 照明器或窗与其附近之间 | 10：1 |
| 在普通的视野内 | 30：1 |

## 二、办公空间装饰照明设计

办公空间的照明设计不仅是满足照明的基本需要，还要善于利用顶面结构和装饰天棚之间的空间，隐藏各种照明管线和设备通道，并在此基础上，进行艺术造型设计。

### 1. 照明的布局形式

（1）基础照明　是大空间内全面的、基本的照明，这种照明形式保证了室内空间的照度均匀一致，任何地方光线充足，便于任意布置办公家具和设备，但是耗电量大，在能源紧张的条件下是不经济的（图4-18）。

（2）重点照明　是对待特定区域和对象进行的重点投光，用来强调某一对象或某一范围内的照明形

图4-18 办公空间基础照明

图4-19 重点照明墙壁

式（图4-19）。如办公桌上增加台灯，能增强工作面照度，相对减少非工作区的照明，达到节能的目的；对会议室陈设架的展品进行重点投光，能吸引人们注意力。重点照明的亮度根据物体种类、形状、大小以及展示方式来确定。

（3）装饰照明　是为了创造视觉上的美感而采取的特殊照明形式，通常用来增加情调、营造氛围和丰富空间层次。

### 2. 不同区域的照明

客户对企业的第一印象，90%以上来自办公环境，而办公环境的优雅或粗俗则取决于最直觉的灯光设计。所以说，办公空间也是企业的整体形象的体现，一个得体的办公空间形象，能增加客户对企业的信任。良好的光环境，让整个办公空间饱满而舒适，大大提升企业形象，无疑是对企业的宣传，对品牌实力度也是很好的提升。接下来看看办公室各个空间灯具如何选择。

（1）前台　是企业的“门面”，在设计考虑照明灯具要提供充足的亮度外，更要求照明方式多样化，使照明设计做到与企业形象和品牌相吻合。比如大功率LED筒灯、LED射灯、COB天花灯的使用，既节能环保，又能够从整体出发，把握企业形象和企业的品牌文化（图4-20）。用照明整合各种装饰元素，使得前台形象展示更加具有生命力。

（2）工作区照明　工作区的照明适合设计在工作区两侧，用LED日光灯时，使灯具纵轴与水平视线平行，不宜将灯具布置在工作位置的正前方（图4-21）。在照明上应以均匀性、舒适性为设计原则，通常采用统一间距的布置灯具方法，并结合地面功能区域，采用相应的灯具照明。

（a）

（b）

图4-20 前台灯光设计

图4-21　工作区照明

（3）会议室　会议桌上方的照明主为要照明，能使人产生中心和集中感觉，照度要合适，周围加设辅助照明（图4-22）。

（4）公共通道　通道区域的灯具，照明度要满足走道要求灵活控制，也就是多种回路方法，方便晚上加班节能的目的，一般照度控制在200lx左右。灯具选择以筒灯类较多（图4-23），或者使用暗藏灯带相结合的办法，也可起到引导的目的。切忌光面反射器，这样不仅影响行走的视线，而且光线过于明亮，会干扰到大办公室区域工作者的视线。形成很严重的眩光。

（5）会客室　作为接见合作伙伴和客户的场地，营造的氛围是舒适、放松、惬意、友好的。照明要突出洽谈者友好的表情，可以采用显色性较好的LED筒灯，以柔和的亮度为宜。同时注重立面企业文化或海报的表现，可采用角度可调射灯来提高墙立面亮度（图4-24）。

图4-22　会议室照明

图4-23　公共通道照明

（a）

（b）

图4-24　会客室照明

**- 补充要点 -**

**怎样避免产生眩光**

眩光是视野内出现过高亮度或过大的亮度对比所造成的视觉不适或视力减低的现象。眩光产生的原因有很多，光源表面亮度过高，光源与背景间的亮度对比过大，灯具的安装位置不对等，但这并不是不能解决的。避免眩光有以下几种方式：

1. 选择具有达到规定要求的保护角的灯具进行照明，也可采用格栅、建筑构件等来对光源进行遮挡。

2. 为了避免眩光可以适当限定灯具的最低悬挂高度，通常灯具安装越高，产生眩光的可能性就会越小。

3. 努力减少不合理的亮度分布，可以有效地避免眩光。比如，墙面、顶棚等采用较高反射比的饰面材料，在同样照度下，可以有效地提高其亮度，避免空间中产生眩光。

# 第四节　办公空间的声环境

办公室应该保持肃静、安宁，才能使工作人员聚精会神地从事工作。一般来说，在安静的场所工作，其效率往往会比较高；在嘈杂的环境中处理问题，往往会分散精力，影响工作效率甚至造成判断失误。尤其是对写文稿一类复杂的脑力劳动，注意力需高度集中，而各种噪声往往造成人的情绪波动，思路中断，影响工作的正常进行。

## 一、办公空间噪声状况

### 1. 噪声声级评价

办公室工作要求精力高度集中，因此室内声级水平直接影响人们的工作状态与效率（图4-25），在噪声评价的众多指标中，使用比较广泛的是评价噪声的响度和烦恼效应的A声级和以A声级为基础的等效连续声级。A声级测量结果与人耳对声音的响度感觉有较好的相关性，用它来评价各类噪声的危害和干扰，都得到了很好的结果。

等效声级是以平均能量级为基础的评价量之一，其最大特点是可以将对不同噪声源或对不同时段的噪声方便地结合起来并求得平均能量级，与已知的噪声对人的影响有较好的相关性，与目前使用的其他评价方法的关系也比较密切。

我国虽然没有专门制定办公室室内噪声标准，但在其他相关标准中提供了相应的建议值，表4-3为国内外办公空间室内允许噪声的推荐值。

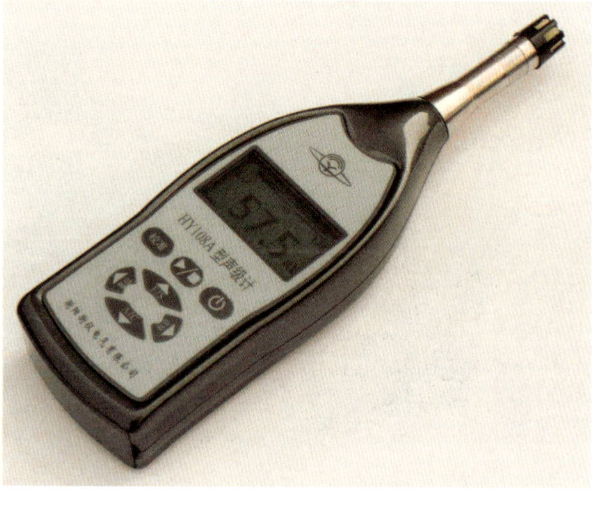


图4-25　声级计

表4-3 办公空间室内允许噪声的推荐值

| 办公场所类型 | 允许噪声 |
| --- | --- |
| | 声级/dB |
| 经理办公室、小型会议室 | 34～42 |
| 私人办公室 | 38～47 |
| 大型办公室、秘书室 | 42～52 |
| 设计室、制图室 | 47～56 |
| 普通商务和文秘办公室 | 47～56 |
| 公共休息厅、走廊 | 47～56 |
| 有持续讲话的工作场所 | 65～75 |
| 中型会议室、多功能厅 | ≤42 |

### 2. 主要噪声源

办公室噪声主要来自交通噪声、室外生活噪声、室内办公活动产生的噪声以及各种电气设备运行产生的噪声。此外，日益普及的电话、手机铃声也是影响办公室声环境的重要因素。交通噪声是办公室室内最大的噪声干扰源，是干扰时间长、污染面广、污染最严重的一类噪声。

办公建筑常位于交通干线两侧，其所受的影响也最大，特别是高层建筑密集的城市中心区，各栋高层建筑密布街道两侧，由于高层建筑阻挡，建筑外墙大量使用的玻璃和铝板等光面材料的反射形成回声，噪声不易迅速消失，延长了噪声的干扰时间，因而使紧邻干道的高层建筑受噪声的干扰尤为严重。

## 二、隔声状况

现代办公建筑大量使用的玻璃幕墙等轻质围护结构降低了建筑隔绝室外干扰噪声的能力，轻结构隔墙的推广使用，使墙体隔声性能比传统的黏土砖墙差，难于阻隔邻近房间的噪声干扰，在现有声环境状况下，部分轻质围护结构材料难以隔绝室外干扰噪声（图4-26）。

此外，许多办公室设计只做到吊顶的非结构顶棚，吊顶上面留有暖通空调和电器设备的空间，而典型的吊顶材料能够部分吸收反射声但对声音的透射损失几乎没有任何作用，致使干扰噪声能够透过顶棚传播到相邻房间，这就意味着降低了隔墙的隔声性能，使之接近于开放式办公室的状态（图4-27）。

在办公室工作需要一个安静的环境，但安静并非是指绝对没有声音。因为一个人的听觉通道在完全没有刺激作用的情况下，会使人有一种恐惧感，产生不舒服的感觉，造成工作效率下降；声音环境应有一个理想的声强值。办公室理想的声强值为20～30dB，在这个声强范围内工作，会使人感到轻松愉快，不易疲劳。良好的隔声不仅可以使办公室免受外部噪声的干扰，而且可以保证办公室的语言私密。

图4-26 办公空间玻璃隔墙

图4-27 办公空间的顶棚

（a）

（b）

图4-28　办公楼附近环境

## 三、办公室地理位置的选择

办公室选定在良好的地理环境中，不仅可以凭借优越的自然位置节省绿化、交通等的费用，方便员工的出行；更重要的是能够促进工作人员的身心健康，提高工作的效率（图4-28）。

### 1. 环境尽量优美

办公室所在地宜选在环境优美、空气清新、绿化程度比较高、噪声以及其他的污染少的地方；所以选址要尽量远离矿产企业和闹区。优美的环境可以使人心情舒畅，空气清新也使人觉得舒适，从而提高工作效率，良好的工作环境也能更好地留住人才。

### 2. 交通方便

如果把办公室建在郊外，无疑会延长通勤距离和时间，增加交通负担，降低行政效率，也会给工作人员的家庭增加负担。因此，机关单位在选址时应考虑设在公共汽车站点附近，以方便员工的上下班的出行，也有利于和各个单位的联系，增进友谊。

### 3. 文化聚集地

一般情况下，文化区是比较安静，环境优美。更重要的是，文化区是科研、学校、书店等单位集中地地方，有着良好的文化氛围，有利于员工开展文化研究的工作。

在办公室的选址时，一般很难做到十全十美的，在实际操作中往往会产生矛盾，环境优美却远离市区；交通方便又过分喧闹。这就需要综合各方面的因素，加以分析比较，然后择优而定。这就要求在选择的时候，要做好充分的调查工作，择优选择。

# 第五节　办公空间的色彩设计

在办公空间的环境设计中，色彩占有相当重要的地位。它不仅会对视觉环境产生影响，弥补某些不足，还能对人的情绪和心理活动产生积极的影响。

## 一、色彩的感性效果

色彩具有引起人们各种感情的作用，因此我们在设计办公空间时要巧妙地利用这种感性的效果。

1. 色彩的冷暖

色彩的冷暖感是相对的。比如无色彩（黑、白、灰）和有色彩相比较，后者比前者暖；无色彩本身来看，黑色比白色暖；有色彩本身来看，彩色含红、橙、黄等成分偏多时偏暖，含蓝成分偏多时偏冷（图4-29、图4-30）。通常，色彩的冷暖感觉差别可达3～4度。因此，正确的运用色彩的冷暖效果，可以制造出特定的气氛和环境，弥补不良朝向等因素造成的缺陷。

2. 色彩的兴奋和沉着

一般而言，红、橙、黄的刺激性强，给人以兴奋感，又被称为兴奋色；蓝、青绿、蓝紫色的刺激性弱，给人以沉静感。大多数办公空间需要给使用者创造一个安静、平和的工作环境，从而提高工作效率，所以应尽量避免大面积使用兴奋色。

3. 色彩的距离感

色彩可以改变物体的距离感，能缩短观察者与物体之间距离的颜色，称为前进色；而使距离拉长的颜色，则被称为后退色。这种距离感又与物体的色相、明度有关。在同一视距条件下，明亮色、鲜色和暖色有向前、凸出、接近的感觉；而黑色、灰色、冷色有后退、凹进、远离的感觉（图4-31）。利用色彩的距离感来改善空间狭小、空旷等问题是设计中常用的手法。

4. 色彩的轻重感

色彩的轻重感取决于色彩的明度、彩度和色调。一般来说，明度、彩度高、暖色调显轻，相反者则显重。巧妙地运用色彩的重量感，可以改变视觉上的空间效果（图4-32）。例如：若室内空间过高时，顶棚

图4-30 暖色调

图4-31 色彩的距离感

图4-29 冷色调

图4-32 色彩的轻重感

可以采用具有下沉感的重色；若室内空间低矮，则以单纯的轻色为宜。

## 二、几种常见色彩的空间表情

“表情”一词在色彩心理学中，是指利用同视觉心理经验保持一致的色彩形式，传达人们的情感状态和各种思想观念。因此，“色彩表情”是将色彩人格化的一种心理认知模式。

### 1. 红色表情

在可见光谱中，红色光是光波中最长，属于积极的、扩张的、外向的暖调区域的颜色类型。无论在光谱或是在色环上，高纯度的红色都是品质最纯粹，个性最鲜明的三原色之一，并为色环中绿色的补偿色，最能够使人产生感情。所以，在办公空间中适当保持红色的占有面积，可点燃空间内人们的视觉激情；并且凸显此办公空间积极、热情、上进的色彩表情信息（图4-33）。

### 2. 黄色表情

在可见光谱中，黄色波长所处位置偏中，然而光感却是所有色彩中最亮丽活跃的，所以该色一向被认为是一种被强化的放射性特质。在色相环中，正黄色、正红色和正蓝色并驾齐驱地构建了物理色的三原色，同红色相比，黄色显得要轻薄、冷淡、矜持、自信一些，这主要是由其明度高、色相纯以及色性温和、可视性强的性质所决定的。

办公空间中黄色拥有非常宽广的象征领域，特别是当黄色置于最鲜艳的色彩强度时，它向人们揭示出光明、纯真、活泼、智慧、幼稚、权势、高贵、蔑视、诱惑等错综复杂的思想取向（图4-34）。

### 3. 蓝色表情

在可见光谱中，蓝色波长较短，属于收缩的、内向的、消极的冷色调。同光波长的暖色调颜色相对照，它的注目性与视觉性都较弱。蓝色的色质富有纯正又高贵的视觉感染力，由于高远的天空和浩瀚的海洋均是以蓝色面貌展现的，所以人们对这种清净而又遥远的颜色产生了无限的渴望与憧憬，就此引发出博大、至远的色彩联想与心理感应，于是蓝色也就有了智者的表情（图4-35）。

### 4. 白色表情

从光的性质来说，白色是光谱中全部色彩的总和，故在光学理论中有“全色光”或“符合光”之称，同时也被认为是“万色之源”。白色对人眼会形成富于耀动性的实在刺激，却也能使人从中体会到丰富的放射感。白色也使得办公空间能从中透射出纯洁、神圣、清白、朴素、光明、洁净、坦率、无私、飘渺等思想火光（图4-36）。

### 5. 黑色表情

就光学与生理学的角度而言，黑色是无光时让人产生的一种视觉反映，与白色一起都属于色彩光谱中的无色。在有光照条件下，黑色是吸收大部分色光的结晶，因而其注目性和视觉性较差。

就像自然界根本不存在绝对的纯白色一样，纯黑色同样也是没有的，但在探究办公空间色彩的象征意

图4-33　红色表情

图4-34　黄色表情

图4-35　蓝色表情

图4-36　白色表情

义时，我们可以通过被视觉感知最深的黑夜作为展开色彩遐想的先导，并从中分析出黑色所具有的表情寓意。如收敛的黑色与扩张的白色相比，办公空间中黑色多呈现出力量、严肃、永恒、毅力、充实、神秘、高贵、意志等语境意味（图4-37）。

### 6. 灰色表情

正灰色可以是黑与白对等的综合色，相当于长城墙体的颜色。视觉乐于接受灰色是因为它属于最大程度的满足人眼对色彩明度舒适要求的中性色。从生理上讲，它是锥体细胞感光蛋白原的平均消耗量，因而这种颜色能够使人眼体会到生理上的平衡感受。由于灰色刺激性不大，所以它的注目性及视觉性较弱。而在办公空间中，灰色作为一种典型化的中性颜色，其多表达如谦逊、沉稳、含蓄、幽雅、平凡、中庸等思想含义（图4-38）。

## 三、色彩在办公空间设计中的作用

### 1. 色彩对空间感的调节作用

如上文中色彩的距离感和轻重感所述，色彩对于调整室内的空间感起到很大的作用。暖色、明度、彩度高的颜色会让面积在视觉上膨胀，而冷色、暗色、明度、彩度低的色彩则让面积看起来缩小。此外，善用色彩的冷暖、兴奋与沉着也可以对调整室内空间的感觉起到积极的作用。

### 2. 色彩对于室内光线的调节作用

不同的颜色具备不同的反射率，可以有效地调节室内的光线问题。而色彩的反射率主要取决于明度的高低，因此，遇到室内采光不足等问题时我们可以运用高明度的色彩进行调节。

（a）

（b）

图4-37　黑色表情

（a）

（b）

图4-38　灰色表情

### 3. 色彩体现室内空间的性格

色彩对于表达室内的表情、性格起着举足轻重的作用，因此，在办公室设计中，主色调一般都选用比较淡雅的色彩，给人以一种沉静的空间性格。

## - 补充要点 -

### 办公空间的配色原则

办公空间的色彩环境是瑰丽多变的，它可以如天空般高远，也可如黑夜般沉静。但无论其如何演变，色彩在空间中所固有的延续感、韵律感和情感等特性，是环境空间构成色彩表情所不可割裂的因素。在办公空间的构色中，应在满足功能要求、符合构图法则、注意色彩与材料的配合这三个基本原则上更多的满足使用者对空间的期许。

从空间延续上来说，办公空间色彩的配置要依照“大跳跃，小和谐”的原则。大跳跃是指办公空间之中的色彩变化。如多间办公室选择完全不同的主调，但每间的门窗、桌 椅和地板甚至明面的办公室档案和琐碎的办公用品都要保持自己的整体色彩和谐，这就是小和谐的原则。这样，尽管空间中的工作活动范围有限，但每到一处都会给人耳目一新的感觉。

### 课后练习

1. 解释办公环境设计应遵循的原则。
2. 解释办公环境改造的意义。
3. 详细描述办公空间在进行绿化应满足哪些条件。
4. 解释办公空间照明质量与哪些因素有关。
5. 根据自己的理解详细阐述怎样才能做到有效地避免噪声带来的干扰。
6. 详细说明办公空间的构色原则。
7. 根据自己理解说明黑色在办公空间色彩设计中所扮演的角色。

第五章

# 办公空间的装饰设计

PPT课件，请在计算机里阅读

**章节导读**

舒适、美观的办公空间不仅仅是地面、墙面、顶棚的装饰效果，而是如何将室内装饰与已有空间有机的结合，形成一个整体，从而达到整体协调的艺术效果。办公空间作为一种空间类型，其空间界面的装饰设计既有一般空间界面装饰设计的共性，也有自身的个性，把握好共性与个性，才能把握好办公空间界面装饰设计的方法。

# 第一节　办公空间的界面处理

## 一、界面之间

界面因为连续、相交、穿插而将室内分隔成不同的功能空间，界面多种类的相互关系又形成了顶角线、踢脚线、阴角线和阳角线等界线（图5-1、图5-2）。界面间的连续或相互关联的关系，实际上就是三维空间由人行进时的时间概念串联起来的思维空间，在设计界面时，界面间的连续转折的动态关系有助于强调整个室内的完整与统一。

办公空间设计中的界面设计，是针对天花、地面、墙立面以及柱子、梁等所做的设计，有些办公环境的空间形态还包括建筑的外立面和一些空间的顶部。

地面界面和天花界面属于室内空间的水平界面，地面界面承载室内工作人员的活动以及办公家具陈设的摆放，相对于顶棚，处理起来相对简单。由于顶棚空间常被用来安置相关水、电等设备及管道，所以其处理手法较为复杂。

图5-1　顶角线

图5-2　阳角线

现在也有一些办公空间的顶棚处理成采光式的，这些设备管线就会通过地面界面隐藏安装，此时，地面界面处理起来反而复杂了。柱和梁是建筑结构中与生俱来的存在界面，作为框架除了起到支撑结构的作用外，通常也是用来划分室内空间的虚拟界面。

## 二、界面构造深化，装饰深化

办公室装修就是在相关界面上做装饰处理。界面的设计深化包含了更多平面三维化、材料多样化、内部构造合理化等特点的细化。在考虑艺术化的同时，尽可能考虑界面背后可能的使用功能；在满足实际功能的要求后，办公室设计师也要将因过多的实际功能而带来的艺术视觉的不足进行深入美化和整合［图5-3（a）］。

界面与设备终端造型之间的关系处理也是设计深入过程中需要仔细推敲的，设备终端的色彩、质地、大小造型对界面表面的视觉效果都会产生影响［图5-3（b）］。

（a）

（b）

图5-3 界面构造

## 三、办公空间界面装饰设计的原则

### 1. 统一的风格

同一空间内的各界面处理必须在同种风格统一下进行，这是室内空间界面装饰设计中的一个最基本的原则。若将不同风格的做法不假思索地拼凑在一起，则会不伦不类，让人有无所适从之感。

### 2. 与室内气氛相一致

不同使用功能的空间，具有不同的空间性格和不同的环境气氛要求。在室内空间界面装饰设计时，应对使用空间的气氛作充分的了解，以便做出合适的处理。

### 3. 避免过分突出

办公空间中界面是环境的背景，对办公空间家具和陈设起烘托和陪衬作用，若过分重点处理，则喧宾夺主，反倒影响了整体的空间效果。所以，办公空间的界面处理，应以简洁、明快、淡雅为主。

**－ 补充要点 －**

**办公空间中各界面的要求**

1. 要尽量使用经久耐用的材料，同时要考虑其使用期限。
2. 要尽量使用不燃或难燃性材料，避免使用燃烧时释放大量浓烟和有毒气体的材料。
3. 使用无毒材料，即散发气体及触摸时的有害物质低于核定剂量。
4. 无害的核定放射剂量。
5. 易于制作、安装、便于更新。
6. 必要的隔热保温和隔声吸声性能。
7. 装饰及美观要求。
8. 相应的经济要求。

# 第二节　办公空间界面装饰设计的要点

## 一、形状

室内空间的形状与线、面、形相关，形体是由面构成的，面是由线构成的，室内空间的线是指由于表面凹凸变化而产生的线，这些线可以体现装修的静态或动态，可以调整空间感，同时也提高了装修的精美程度（图5-4）。例如，密集的线束具有极强的方向性，沿走廊方向表现出来的直线，可以使走廊显得更深远。

办公室内空间界面中的形是指墙面、地面、顶面的形，具有一定的特性，是由人们的联想作用而产生的，例如，棱角尖锐的形状容易给人以强壮、尖锐的感觉；圆滑的形状容易给人以柔和与迟钝的感觉；正圆形中心明确，具有向心力或离心力。设计者要对线、面、形体统一考虑其综合效果。面与面相交所形成的交接线，可能是直线、折线，也可能是曲线，这与相交的两个面的形状有关（图5-5）。

## 二、质感

装饰材料可分为天然材料和人工材料，硬质材料和软质材料，精致材料和粗放材料等。材质是材料本身的结构与组织，质感是材质给人的感觉和印象，是材质经过视觉和触觉处理后而产生的心理现象。质感与颜色相似，都能使人产生联想。例如，粗糙的拉毛面给人以浑厚、温和的感觉，细腻的材料具有优美、雅致的情调，同时也给人一种冷漠感。

图5-4　办公大楼的走廊

图5-5　空间中的各种形状

图5-6　写字楼门厅

图5-7　经理室

### 1. 材料性格要与空间性格相吻合

室内空间的性格决定了空间的氛围，空间气氛的构成则与材料性格密切相关。因此，在选择材料时，应注意使其性格与办公空间气氛相匹配。例如，门厅可选用天然石材、金属材料、玻璃等，利用材质光滑明亮的效果来体现一种现代感和严肃性，经理室则可选用木材、素面墙纸、织物等，来创造一种轻松、人性化的氛围（图5-6、图5-7）。

### 2. 充分展示材料自身的内在美

天然材料自身具有许多人无法模仿的美的要素，如花纹、图案、纹理、色彩等，因而在选用这些材料时，应该注意识别和运用，并充分展示其内在美。例如，石材中的大理石、花岗岩，木材中的水曲柳、柚木、红木等，都具有天然的纹理和色彩（图5-8）。只要充分展示好每种材料自身的内在美，即使花费较少，也能获得较好的效果。

### 3. 要注意材料质感与距离、面积的关系

同种材料，当距离远近和面积大小不同时，给人的质感往往是不同的。例如，毛石墙近观很粗糙，远观则显得较平滑，表面光洁度好的材质越近感受越强，越远则越弱。光亮的金属材料做镶边的同时，显得特别光彩夺目，但大面积使用时，就显得凹凸不平。因此，在设计时，应充分把握这些特点，并在大、小尺度不同空间中巧妙运用（图5-9、图5-10）。

（a）

（b）

图5-8　办公空间

### 4. 注意与使用形成统一

对于有隔声、吸声、防火、防静电、光照等不同材质、不同性能的材料；对同一空间的墙面、地面和顶棚，也要根据耐磨性、耐污性、光照柔和程度等方面的不同要求而选用合适的材料（图5-10）。

图5-9　金属的应用

## 三、图案

地面、墙面和顶棚有形有色，这些形、色在很多情况下又表现为各式各样的图案。室内环境能否统一协调而不呆板、富于变化而不混乱，都与图案的设计密切相关。

### 1. 图案的用途

图案的用途主要表现在改变空间效果和表现特定气氛两个方面。图案可以通过自身的明暗、大小和色彩来改变空间效果，一般来讲，色彩鲜明的大花图案可以使界面向前提，或者使界面缩小；色彩淡雅的小花图案可以使界面向后退，或者使界面扩展（图5-11）。

（a）

（b）

图5-10　玻璃、木材的应用

（a）

（b）

图5-11　办公空间壁纸图案

图案的精神功能，首先要表现为图案可以使空间富有静态或动感。纵横交错的直线组成的网络图案，会使空间富有稳定感；斜线、波浪线和其他方向性较强的图案，则会使空间拥有运动感。其次，图案还能使空间环境具有某种氛围。例如，平整的墙面贴上立体的图案的壁纸，让人看上去会有凹凸不平的感觉；装饰墙面采用带有透视性线条的图案，与顶面和地面连接，给人浑然一体之感。

### 2. 图案的选择

在选择图案时，应充分考虑空间的大小、形状、用途和性格，使装饰与空间的使用功能和精神功能相一致。慎用多种彩度过高的颜色，以使空间环境更加稳定和谐。同一空间在选择图案时，宜少不宜多，通常不超过2个。如果图案在3个及以上时，则应强调突出其中一个主要图案，弱化其他图案，从而避免视觉上的混乱。

# 第三节　办公空间各界面装饰设计

## 一、墙面装饰设计

室内墙面和人的视线垂直，处于最明显的位置，内容与形式更加复杂和多姿多彩，对室内装饰效果具有决定性的影响。办公空间的墙面设计是一个宽泛的概念，归纳起来主要表现在门、窗、壁、装饰画等方面。墙面装修要求具有挡视线、隔声、吸声、保暖、隔热等功能特点。

### 1. 门的设计

门主要具有防盗、遮挡和开关空间的作用，但办公空间的门还具有更多其他功能，尤其是大门。大门的防盗性能要求最高，但因属于门面，是“面子”的主体，故常常选用比较通透堂皇的玻璃大门，而在防盗性能上的欠缺，可以通过卷帘门、电子监控等方面补足。

一般办公室的大门会采用落地玻璃，至少是有通透的玻璃窗的大门，个别特殊行业除外，用意在于让路人看到里面门厅的豪华装修和企业形象，起一定的广告宣传作用（图5-12、图5-13）。

办公空间里室内间隔的门也是设计应重点考虑的方面，原因是现代办公空间的窗户多以玻璃幕墙的形式出现，剩余的墙面被文件柜所占据。所以，里面的房间门往往会成为装饰重点。房间门可按普通

图5-12　不锈钢玻璃门

图5-13　办公楼大门

办公室、领导办公室和使用功能、人流量的不同而设计不同的规格和形式。办公空间门的常见形式有单门、双门、全闭式、旋转式、推拉门等（图5-14、图5-15）。

## 2. 窗的设计

现代化办公室大多讲究简约，空间内墙面可供装饰的部位不多，一组造型独特的窗户，会对整个室内环境构成起到重要的作用。在窗的设计中应该注意以下几点：

1）结合办公空间艺术表现风格，设计有特色的窗帘盒、窗合板，甚至整套内窗（图5-16）；

2）根据办公空间的特性，选用与室内风格相匹配的窗帘；

3）在窗台内外适当布置盆栽植物，增加室内生态气息（图5-17）。

## 3. 壁的设计

现代办公空间中，窗户的面积很大，加上资料柜占据大部分的墙壁，真正留下的空白的墙壁很少了，还要考虑墙面上挂图表、图片、样品等展示物（图5-18）。所以在设计时，常常可以留下一些墙壁空间，使视觉上不觉得拥挤。

办公空间的墙壁通常分三种：一是由于安全和隔声需要做的实墙，材料通常采用轻钢龙骨纸面石膏板或轻质砖；二是整体或局部镶嵌玻璃的墙壁，有落地式玻璃间壁、半段式玻璃间壁、局部式落地玻璃间壁；三是用壁柜做间隔墙时的柜背板，这个要注意隔声和防盗的要求。

此外，玻璃墙壁是很常见的墙壁设计（图5-19），

图5-14 旋转门

图5-15 推拉门

图5-16 百叶窗

图5-17 窗台盆栽

图5-18 装饰画

使用玻璃墙壁，一是领导对各部门的工作状态一目了然，便于管理，各部门之间也便于相互监督与协调工作；二是可以使同样的空间在视觉上显得更宽敞。

## 二、地面装饰设计的常见类型

办公室的地界面应考虑走步时尽量减小噪声，管线铺设和与设备的链接等问题，并能满足与整体空间融为一体。地面装修要求具有耐磨、耐腐蚀、防水、防潮、防滑、静音、隔声、吸声、易清洁等功能。

（1）铺天然石或陶瓷地砖　用于室内地面装饰的天然石材有花岗岩、大理石、青石板等（图5-20），花岗岩硬度较大，适合做地面材料，大理石硬度低但花纹漂亮，可做地面的拼花图案。石材地面花纹自然，富丽堂皇、细腻光洁。在办公空间装修中，石材更多的是用在门厅、楼梯、外通道等地方，以提高装修档次。陶瓷地砖具有质地坚硬耐磨、花纹均匀整洁的特点，并且造价远远低于天然石材，在办公空间中用得较多。

（2）铺木地板　木地板主要分实木地板和复合实木地板（图5-21），其中实木地板需要架空铺设。木地板多被用于高档和周围环境干净的办公室，因其吸潮和不易产生静电的好处，也常常被用于计算机和高级设备室的地面。地面铺木地板外观清新而优雅，隔热保温性能好，脚感舒适，给空间环境以自然、温

图5-19　玻璃隔墙

**－ 补充要点 －**

**壁面装饰、导视的设计**

1. 壁画的设计。壁画通常应设在一些较宽敞并且人来往多的地方，如门厅、接待室等。办公空间所用之壁画虽然无何种形式和画种的限制，但应该以装饰环境和有利于体现企业形象为目标。

2. 壁面小空间的设计。壁画只能在大空间中设置，但在办公空间中，还有许多不大的空间，可以设计一些装饰造型，对活泼空间气氛，提高环境装饰的格调是很有效的。此类装饰占据空间不大，但造型别致，有时还具有某种使用功能，如电话台、报纸架、壁灯、宣传栏等。

（a）　（b）

图5-20　石材铺设

（a）　　（b）

图5-21　木地板铺设

暖、亲切的感觉。

（3）铺地毯　地毯具有吸音、隔声、保温、隔热、防滑等优点及外观优雅等装饰效果（图5-22）。其铺设施工也比较方便，最主要的是它非常适合办公空间的需要，可在下面铺设电话线、网线等。

（4）铺塑胶地板　塑胶地板是由人造合成树脂加入适量填料、颜料与抹布复合而成（图5-23）。目前国内塑胶地板主要有：聚氯乙烯块材（PVC）、聚乙烯卷材（PVE）。其中后者耐磨性和延伸性都优于前者。塑胶地板不仅具有独特的装饰效果，而且具有脚感舒适、质地柔韧、噪声小、易清洗等优点。但是最大缺点是不耐磨，所以一般只适合用于人员走动不多，或使用期限短的地面。

## 三、顶棚装饰设计

顶棚不像墙面、地面那样经常与人关系直接，但它却是室内空间中最富有变化和引人注目的界面。顶棚装修要求具有质轻、光反射率高、隔声、吸声、保暖、隔热等功能特点。顶棚装饰设计的要求一般有以下几点。

图5-22　地毯铺设

图5-23　塑胶地板铺设

### 1. 注意顶棚造型的轻快感

办公室要有一种舒适、宁静的气氛，轻快感是办公空间顶棚装饰设计的基本要求，所以从形式、色彩、质地、明暗等方面都应充分考虑该原则。

### 2. 满足结构和安全要求

顶棚的装饰设计应保证装饰部分结构与构造处理的合理性和可靠性，以确保使用的安全，避免意外事故的发生。

### 3. 满足设备布置的要求

办公空间顶棚上的各种设备集中，中央空调、消防系统、强弱电错综复杂，设计时必须综合考虑，妥善处理。同时，还应协调好通风口、烟感器、自动喷淋器、扬声器等与顶棚面的关系。

办公室的顶界面应质轻并具有一定的光反射和吸声作用，设计中最为关键的是必须与空调、消防、照明等设施工种密切配合，尽可能使各类管线协调配置，在空间高度和平面布局上排列有序（图5-24、图5-25）。同时，一些嵌入式吸顶灯、灯座接口、灯泡大小以及反光罩尺寸等也都与吊平顶具体高度的确定直接有关。吊平顶多用具有吸声性能的矿棉石膏板、塑面穿孔吸声铝合金板等材料。具有消防喷淋的办公室，还需经过水压测试后，才可安装吊顶面板。

图5-24　顶棚上的灯具

图5-25　灯泡排列有序

**课后练习**

1. 解释办公空间各个界面之间的关系。
2. 解释办公空间界面装饰设计的原则。
3. 详细说明办公空间各个界面的功能特点。
4. 详细描述墙面装饰设计应该注意的要点。
5. 详细说明办公空间的地面材料用料。
6. 解释办公空间的形状设计与哪些方面有关。

第六章

# 办公空间的装饰施工

PPT课件，请在计算机里阅读

**章节导读**

办公空间装修一般追求短、平、快，要求最快速度完成，投资者能在第一时间进入办公空间开始工作。很多商业写字楼的房价与租金都高于住宅，而且产权年限短，这些都会对装修施工进度有要求。但是办公空间装修对材料和工艺的要求却不低于家居空间装修，它还是单位、企业形象的展示空间。本章针对办公空间特色讲述了材料选用与施工方法，适用于现代办公空间装修施工。

# 第一节　办公空间装饰材料

## 一、办公空间装饰材料的选用

室内空间界面装饰材料的选择，会直接影响室内空间设计整体的实用性、经济性、环境气氛和美观与否。所以，在选择办公界面装饰材料时，要充分考虑以下几方面的要求。

### 1. 适应室内使用空间的功能性质

不同的建筑部位，相应地对装饰材料的物理、化学性能，观赏效果等要求也各有不同。

### 2. 适合装饰设计的相应部位

例如踢脚线部位，由于需要考虑地面清洁工具、家具、器物底脚碰撞时的牢固程度和清洁的方便，因此，通常选用有一定强度、硬质、易于清洁的装饰材料（图6–1）。

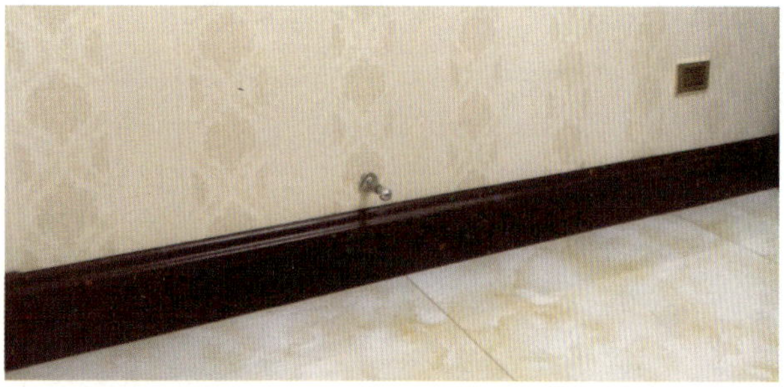

图6–1　踢脚线用材

### 3. 符合更新、时尚的发展需要

由于现代室内设计具有动态发展的特点，设计装修后的室内环境，通常并非是一劳永逸的，而是需要更新，讲究时尚。原有的装饰材料需要由无污染，质地和性能更好的、更为新颖美观的装饰材料来取代。

## 二、装饰材料的组织设计原则

办公室的室内材料组织设计具有一定的原则性可循，首先应寻求其整体感，遵循整体性原则；其次应遵循对比性原则以及平衡性原则、秩序性原则、点睛原则，以及习惯性原则和经济性原则。

### 1. 整体性原则

整体性原则是室内环境材料组织设计时必须遵循的根本原则，这一原则包括两方面的意义：一是由材质本身所构成的系统所表现出的整体感觉；二是材质与构成室内环境的其他要素之间的相互协调性。另外整体性原则还体现在材质与构成室内环境的其他要素如空间、光影、色彩之间的协调性上（图6–2）。

### 2. 对比性原则

没有质感变化的空间是乏味和单调的，在一定程度上追求质感的变化可使室内空间环境变得丰富有趣

（图6-3）。值得注意的是，在运用材质的对比组合时，应特别考虑色彩和面积的影响，假若空间面积狭小或色彩较多则应减弱材质对比，否则室内会产生凌乱的感觉。同时还要注重整体感，避免过分的对比产生的不协调。

### 3. 平衡性原则

平衡作为形式美的法则之一，在室内装饰材料组合中的应用是十分突出的。使用具有明显性格差别或对立的材质组织时，就需要运用平衡性原则对其位置关系、面积和形状进行变化以保持它们在视觉上的平衡（图6-4）。

### 4. 秩序性原则

秩序性原则是指所用的几种材料间建立起一定的秩序性。秩序性可以表现为有节奏变化的秩序性（如将两种以上的材质作为一个单元按一定方向进行重复）和渐变的秩序性（如将三种以上的材质根据其某一方面特征，按一定的级差进行排列）（图6-5）。

### 5. 点睛原则

点睛原则即利用高反光或折光材料来增强材质组合的表现力，起到画龙点睛的作用。室内环境的材质组合中，高反光材料一般只用作点缀来使用，例如加镶边或包柱等。不宜大面积使用，否则会出现眩光，影响材料美感的发挥，减弱视觉效果。

### 6. 经济性原则

经济性原则主要体现在“精心设计、巧于用材、优材精用、普材新用”这几种方面，提高经济性的关键在于巧妙用材，用普通材料来塑造新颖的视觉形象（图6-6、图6-7）。

### 7. 习惯性原则

室内环境中材质的分布受到功能和技术性的约束

图6-2 和谐的办公空间

图6-3 裸露在外的管线与精致的空间装饰对比

图6-4 规整平衡

图6-5 秩序性

图6-6　简单的装修

图6-7　简约之美

而呈现出一定的规律性。这种规律性为人所接收并表现在材质使用和组合上的习惯性心理。在进行办公环境的材料组合设计中，除了充分发挥材质的美感作用外也应尊重人们这种习惯性心理，务求给使用者以最大限度的舒适感。同时，习惯性原则还表现为人们对真实和自然的崇尚，所以自然材料的材质组合也往往更容易获得认同。

# 第二节　地面施工

在办公空间装饰工程中，地面施工是指在普通水泥地面、混凝土地面、砖地面以及灰土层等各种基层的表面上所做的饰面层，地面饰面要求有足够的强度和耐磨、防潮、抗腐蚀性能，还需符合隔音、保湿、阻燃、防滑灯构造要求。

## 一、铺天然石材

### 1. 材料

（1）花岗岩　主要成分是二氧化硅，矿物质成分有石英、长石和云母，是一种全晶质天然岩石。密度大，抗压强度高，孔隙小，吸水率低。市场上经常销售的花岗岩表面通常呈现灰色、黄色或深红色，表面纹理呈颗粒状，这些都是花岗岩的特征。优质的花岗岩质地均匀，构造紧密，石英含量多而云母含量少，不含有害杂质，长石光泽明亮，无风化现象（图6-8）。

由于花岗岩的应用部位不同，花岗岩石材表面通常被加工成剁斧板、机刨板、粗磨板、火烧板、磨光板等样式。花岗岩在室内装饰中应用广泛，具有良好的硬度，耐磨性好，同时耐酸碱，耐腐蚀，表面平整光滑，棱角整齐，色泽稳重大方，是一种较高档的地面装饰材料。

（2）大理石　是一种变质或沉积的碳酸类岩石，主要矿物质成分有方解石、蛇纹石和白云石等，石质地细密，抗压性较强，吸水率小，比较耐磨、耐弱酸碱，不变形。大理石能呈现为红、黄、黑、绿、棕等各色斑纹，色泽肌理的装饰性极佳。大理石与花岗岩相比，最大的特点就在于花色品种多，可以用于各部位的石材贴面装修（图6-9），但是强度不及花岗岩，在磨损率高、碰撞率高的部位应慎重考虑。

### 2. 施工工艺

大理石、花岗岩在铺设中应附有地面装修的详图，详图中对石板的花色、规格、板缝的处理、楼地面的镶边图案造型等均要有具体的设计和要求。这些设计和要求，与地面的个性和艺术效果关系甚重，施工时应严格按照设计图纸进行施工。

（1）板材在铺砌前，先选板试拼，进行编号，当板材有裂缝、掉角、翘曲和表面缺陷时应予以剔除。

（a） （b） （c）

图6-8 花岗岩

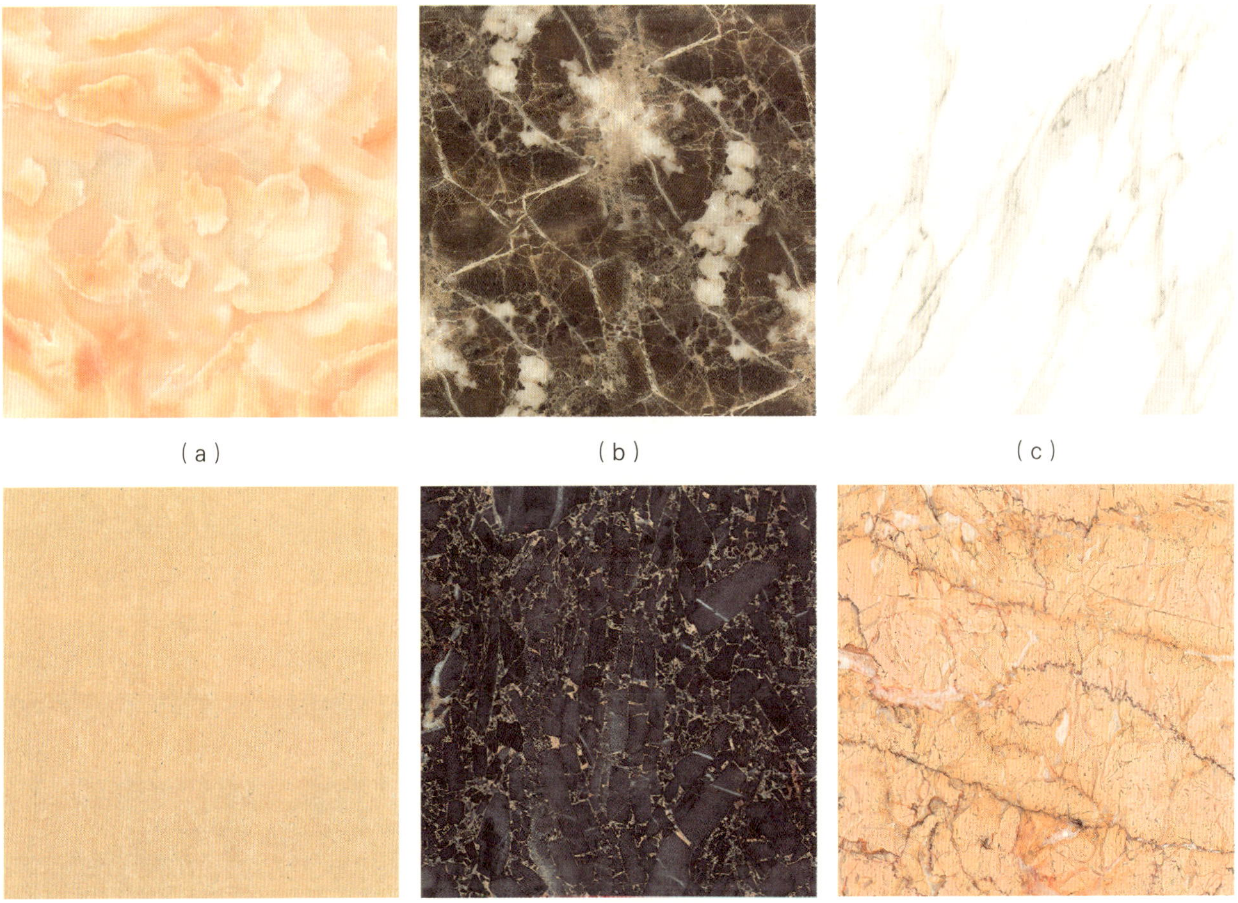

（a） （b） （c）

（d） （e） （f）

图6-9 大理石

（2）对选好的板材浸润、阴干待用（图6–10）。石材施工前应将板材浸水湿润，这是保证面层与结合层黏结牢固，防止空鼓的重要措施。

（3）铺设结合层，结合层材料可采用1：2的水泥砂浆（图6–11），铺设厚度为10～15mm，再结合层上均匀洒一层干水泥并淋水一遍，板材要四角同时落地，相邻板材的纵横间缝隙应对齐，缝宽≤1mm（图6–12、图6–13）。

（4）板材铺贴后次日，用素水泥浆灌三分之二缝深，其余的用同色水泥浆擦缝。待板材的结合层的水泥砂浆达到设计强度后，方可进行打蜡。

**– 补充要点 –**

**陶瓷砖铺贴用量换算方法**

以每平方米为例，250mm×330mm的瓷砖需要12.2块；300mm×450mm的瓷砖需要7.4块；300mm×600mm的瓷砖需要5.6块；600mm×600mm的瓷砖需要2.8块；800mm×800mm的瓷砖需要1.6块。

在铺贴时遇到边角需要裁切，需计入损耗。地砖所需块数可按下式计算：地砖块数＝（铺设面积／每块板面积）×（1＋地砖损耗率）；地砖损耗率为2%～5%，砖材规格越大，损耗率就越大。

## 二、铺陶瓷地砖

### 1. 材料

（1）釉面砖　又称为陶瓷砖、瓷片或釉面陶土砖，是一种传统的卫生间、厨房地面砖，是以黏土或高岭土为主要原料，加入助溶剂，经过研磨、烘干、烧结成型的陶制品，由于釉料和生产工艺不同，釉面砖有多种种类（图6–14、图6–15）。由陶土烧制而成的釉面砖吸水率较高，质地较轻，强度较低，背面为红色；由瓷土烧制而成的釉面砖吸水率较低，质地较重，强度较高，背面为灰白色。釉面砖规格

图6–10　浸泡石材

图6–11　涂水泥砂浆

图6–12　板材四角同时落地

图6–13　间隙不能大于1mm

图6–14　亚光釉面砖

图6–15　印花釉面砖

一般为（长×宽×厚）300mm×300mm×6mm、330mm×330mm×6mm、600mm×600mm×8mm等。

（2）仿古砖　是由彩色釉面砖演化而来，实际上就是上釉的瓷砖。在生产过程中，使用模具压印在普通瓷砖或全瓷砖坯体上，铸成凹凸的纹理，再经过施釉烧制，其古朴典雅的风格深受现代消费者的喜爱。仿古砖多为一次烧成，烧成温度1200℃左右，它与普通瓷砖唯一不同的是在烧制过程，除了常规操作，仿古砖对加工技术要求特别高，要经过数千吨液压机压制，压制模具和表面图案需要独立设计，经过精心开发的仿古砖兼具防水、防滑、耐腐蚀的特性（图6-16、图6-17）。仿古砖仿造以往的样式做旧，用带着古典的独特韵味吸引人们的目光，为了体现怀旧感，仿古砖主要通过样式、颜色、图案，营造出怀旧的氛围。仿古砖的规格通常有（长×宽×厚）：300mm×300mm×6mm、600mm×600mm×8mm、300mm×600mm×8mm等。

（3）通体砖　是表面不施釉的陶瓷砖，因此正反两面的材质和色泽一致，只不过正面有压印的花色纹理（图6-18）。通体砖表面具有一定的吸水功能，而且还很耐磨。通体砖成本低廉，色彩多样，一般为单色装饰效果，目前市场上的防滑砖基本都属于通体砖。通体砖常见规格有（长×宽×厚）：100mm×200mm×5mm、150mm×300mm×6mm、300mm×600mm×8mm等。

（4）抛光砖　是通体砖的一种，采用黏土和石材粉末经压制，然后经过烧制而成，正面和反面色泽一致，不上釉料（图6-19）。烧好后表面经过打磨而制成的一种光亮砖体，外观光洁，质地坚硬耐磨，通过渗花技术可制成各种仿石、仿木效果。抛光砖商品名称很多，如铂金石、银玉石、钻影石、丽晶石、彩虹石等，规格通常为（长×宽×厚）500mm×500mm×6mm、600mm×600mm×8mm、800mm×800mm×10mm等。

（5）玻化砖　又称为全瓷砖，是采用优质高岭土经强化高温烧制而成，质地为多晶材料，具有很高的强度和硬度，其表面光洁而又无需抛光，因此不存在抛光气孔的污染问题。不少玻化砖具有天然石材的质感，而且更具有高光度、高硬度、高耐磨、吸水率低，色差少等优点，其色彩、图案、光泽等都可以人为控制（图2-20、图2-21）。目前，玻化砖以中大尺寸产品为主，产品最大规格可以达到1200mm×1200mm，产品种类有单一色彩效果、花岗石外观效果、大理石外观效果和印花瓷砖效果，以及采用施釉玻化砖装饰法、粗面或施釉等多种新工艺的产品。玻化砖尺寸规格一般较大，通常为（长×宽×厚）600mm×600mm×8mm、800mm×800mm×10mm、1000mm×1000mm×10mm、1200mm×1200mm×12mm。

## 2. 施工工艺

1）铺贴前，应对砖的规格尺寸、外观质量和色泽进行预选，并应浸水湿润后晾干。

图6-16　仿古砖

图6-17　仿古砖铺地

图6-18　通体砖

图6-19 抛光砖

图6-20 玻化砖

图6-21 玻化砖地面

2）用1：2水泥砂浆在地砖背面和地面涂抹一层（图6-22），约10mm厚，地砖就位后用灰刀或橡皮锤轻轻敲击地砖直到水平。在铺贴过程中地砖应该紧密结实，砂浆应饱满，并严格控制标高（图6-23）。

3）地砖的缝隙高度，应符合设计要求。留缝铺砌时，要求缝宽一致，一般为5～10mm。碰缝铺砌时，缝宽应不大于1mm。

4）地砖铺贴应该在24h内进行擦缝工作，一边处理砖缝一边清理残余水泥，并做好成品的保护。

## 三、铺木质地板

### 1. 材料

（1）实木地板　是采用天然木材，经加工处理后制成条板或块状的地面铺设材料。实木地板对树种的要求相对较高，档次也由树种拉开。一般来说，地板用材以阔叶材为多，档次也较高；针叶材较少，档次也较低。优质实木地板应该具有自重轻、弹性好、构造简单、施工方便等优点，它的魅力在于妙趣天成的自然纹理和与其他任何装饰品都能谐和相配的特性（图6-24、图6-25）。

实木地板的规格根据不同树种来订制，宽度为90～120mm，长度为450～900mm，厚度为12～25mm。优质实木地板表面经过烤漆处理，应具备不变形、不开裂的性能，含水率均控制在10%～15%之间。

（2）实木复合地板　是利用珍贵木材或木材中的优质部分以及其他装饰性强的材料作表层，材质较差或质地较差部分的竹、木材料作中层或底层，构成经高温高压制成的多层结构的地板。实木复合地板不仅充分利用了优质材料，提高了制品的装饰性，而且所采用的加工工艺也不同程度地提高了产品的力学性能（图6-26）。

不同树种制作成实木复合地板的规格、性能、价格都不同，但是高档次的实木复合地板表面多采用UV亚光漆，这种漆是经过紫外光固化的，耐磨性能非常好，不会产生脱落现象，使用后无须打蜡维护，连续使用十几年不用上新漆。

图6-22 地面涂抹砂浆

图6-23 橡皮锤敲击地砖

图6-24 实木地板

图6-25　拼花木地板

（3）强化复合木地板　是由多层不同材料复合而成，其主要复合层从上至下依次为：强化耐磨层、着色印刷层、高密度板层、防振缓冲层和防潮树脂层。强化耐磨层用于防止地板基层磨损；着色印刷层为饰面贴纸，纹理色彩丰富，设计感较强；高密度板层是由木纤维及胶浆经高温高压压制而成的；防振缓冲及树脂层垫置在高密度板层下方，用于防潮、防磨损，并且起到保护基层板的作用（图6-27）。

（a）

（b）

图6-26　实木复合地板

（a）

（b）

图6-27　强化复合木地板

强化复合木地板表面耐磨度为实木地板的10~30倍，其次是产品的内结合强度、表面胶合强度和冲击韧性力学强度都较好，此外，还具有良好的耐污染腐蚀、抗紫外线光、耐香烟灼烧等性能。

（4）竹地板　是竹子经处理后制成的地板（图6-28）。竹材作为地板原料有许多特点，竹材的组织结构细密，材质坚硬，具有较好的弹性，脚感舒适，装饰自然而大方。竹材的干缩湿胀小，尺寸稳定性高，不易变形开裂，同时竹材的力学强度比木材高，耐磨性好。竹材色泽淡雅，色差小，竹材的纹理通直，很有规律，竹节上有点状放射性花纹，有特殊的装饰性。

由于竹材中空、多节，头尾材质、径级变化大，在加工中需去掉许多部分，竹材利用率往往仅为20%~30%，此外，竹地板对竹材的竹龄有一定要求，需达3~4年以上，在一定程度上限制了原料的来源。因此，材料的利用率低，产品价格较高。

### 2. 施工工艺

首先，清理房间地面，根据设计要求放线定位，钻孔安装预埋件，并固定木龙骨。然后，对木龙骨及地面作防潮、防腐处理，铺设防潮垫，将木芯板钉接在木龙骨上，并在木芯板上放线定位。接着，从内到外铺装木地板，使用地板专用钉固定，安装踢脚线与分界条。

地板铺装完成后，要进行上蜡处理，同一房间的木地板应一次铺装完成，因此，要备有充足的辅料，并及时做好成品保护，严防污渍、果汁等污染表面（图6-29~图6-34）。

## 四、铺设地毯

### 1. 材料

（1）纯毛地毯　主要原料为粗绵羊毛，它毛质细密，具有天然的弹性，受压后能很快恢复原状，它采用天然纤维，不带静电，不易吸尘土，还具有天然的阻燃性。但是它的抗潮湿性较差，而且容易发霉虫蛀，如果发生这类现象，就会影响地毯外观，缩短使用寿命。

（a）

（b）

图6-28　竹地板

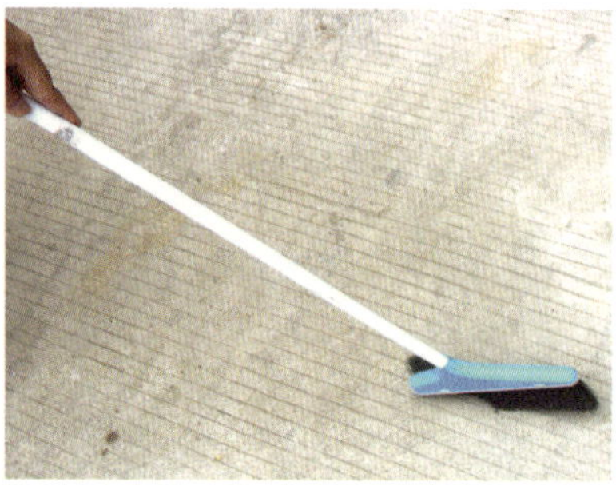
图6-29　清扫房间地面

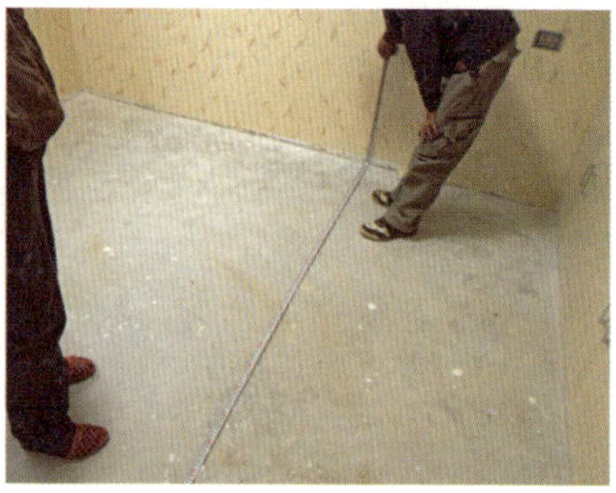
图6-30　测量房间尺寸

图6-31　铺设防潮垫

图6-32　敲击安装垫块

图6-33　涂胶

图6-34　安装踢脚线

（2）化纤地毯　它能弥补纯毛地毯价格高、易磨损的缺陷，其种类较多，主要有尼龙、锦纶、腈纶、丙纶和涤纶地毯等，化纤地毯一般由面层、防松层和背衬3部分组成。面层以中、长簇绒制作。防松层以氯乙烯共聚乳液为基料，添加增塑剂、增稠剂和填充料，以增强绒面纤维的固着力；背衬是用黏结剂与麻布胶合而成。化纤地毯相对纯毛地毯而言，比较粗糙，质地硬，价格很低。

（3）混纺地毯　融合了纯毛地毯和化纤地毯两者的优点，在羊毛纤维中加入化学纤维而成。例如，加入15%的锦纶，地毯的耐磨性能比纯羊地毯高出三倍，同时也克服了化纤地毯静电吸尘的缺点，具有保温、耐磨、抗虫蛀等优点。弹性、脚感比化纤地毯好，价格适中。混纺地毯的性价比最高，色彩及样式繁多，既耐磨又柔软，可以作大面积铺设。

（4）塑料地毯　在我国使用比较早，属于建筑塑料之一，主要用于办公室、展览馆、超级市场等商业空间，价格低廉，花色样式繁多。塑料地毯又称为橡胶地毯，是采用聚氯乙烯树脂、增塑剂等多种辅助材料，经均匀混炼、塑制而成，它可以代替纯毛地毯和化纤地毯使用。塑料地毯质地柔软、色彩鲜、舒适耐用、不易燃、且可自熄、不怕湿、不易虫蛀，不易霉烂，弹性好，耐磨，可根据面积任意拼接。

### 2. 施工工艺

地毯的铺设方法分非固定式和固定式两种。非固定式铺设是将地毯裁成需要尺寸直接摊铺在地面上，不用时则卷起；固定式铺设则有粘结法和拉结法铺设两种工艺，以下介绍拉结法铺设施工操作工艺。

（1）工艺流程　清理基层→裁剪地毯→钉卡条、压条→接缝处理→铺贴地毯→清理验收

#### －补充要点－

如果地面基层不平整，应该用水泥砂浆找平后再铺贴木地板，基层含水率应≤15%。安装龙骨时，要用预埋件固定木龙骨，预埋件为螺栓与铅丝，预埋件间距应≤800mm，从地面钻孔下入。铺设实木地板最好有木芯板作为基层板，对于防潮性较好的房间或高档实木地板也可以直接铺设在防潮垫上。

实木地板铺装后的质量问题，55%以上是铺设施工水平所致；15%是选用劣质辅料，如地面潮湿，木龙骨水分太高，或选用腐朽，劣质的人造板、乳胶、劣质油漆等；15%是由于现场维护保养不当；15%才是实木地板自身的质量问题。

（2）清理基层　铺设地毯的基层要求具有一定的强度，基层表面必须平整，无凹坑、麻面、裂缝，并保持清洁干净。若有油污，须用丙酮或松节油擦洗干净；高低不平处应预先用水泥砂浆填嵌平整。

（3）裁剪地毯　根据房间尺寸和形状，用裁边机从长卷上裁下地毯（图6-35）；每段地毯和长度要比房间长度长约20mm，宽度要以裁出地毯边缘后的尺寸计算，弹线裁剪边缘部分。

（4）固定卡条和门口压条　采用木卡条（倒刺板）固定地毯时，应沿房间四周靠墙脚10～20mm处，将卡条固定于基层上。在门口处，为不使地毯被踢起和边缘受损，达到美观的效果，常用铝合金卡条、锑条固定（图6-36）。

（5）接缝处理　有三种处理手法，其一是背面

接缝，接缝是将地毯翻过来，使两条缝平接，用线缝后，刷白胶，贴上牛皮胶纸，缝线应较结实，针脚不必太密。其二是胶带粘结法，即先将胶带按地面上的弹线铺好，两端固定，将两侧地毯的边缘压在胶带上，然后用电熨斗在胶带的无胶面上熨烫，使胶质熔解，随着电熨斗的移动，用扁铲在接缝处碾压平实，使之牢固地连在一起。其三是用电铲修葺地毯接口处正面不齐的绒毛。

（6）铺贴地毯　用张紧器或膝撑将地毯在纵横方向逐段推移伸展，使之拉紧，平伏地平，以保证地毯在使用过程中遇到一定的推力而不隆起。张力器底部有许多小刺，可将地毯卡紧而推移。推力应适当，过大易将地毯撕破；过小则推移不平，推移应逐步进行（图6-37）。用张紧器张紧后，地毯四周应在卡条上或铝合金条上固定。

（7）修整、清理　地毯完全铺好后，用裁剪刀裁去多余部分，并用扁铲将边缘塞入卡条和墙壁之间的缝中，用吸尘器吸去灰尘等。地毯固定牢固，毯面平挺不起鼓、不起皱、不翘边，拼缝处对花、对线、拼接吻合、密实平整，不显露拼缝，绒面毛顺光一致，收边合理，表面干净，无油污染，这样才是达到了地毯铺贴质量工艺的要求。

图6-35　裁剪地毯

图6-36　固定地毯

图6-37　地毯拼接

## - 补充要点 -

### 地面施工考虑因素

1. 隔声要求。隔声要求包括隔绝空气声和撞击声两个方面。当楼地面的质量较高时，空气中的隔绝效果更好，并且有助于防止发生共振现象。撞击声的隔绝，其途径主要有两个：一是采用浮筑或所谓夹心地面的做法，二是采用弹性地面。前一种构造施工复杂，而且效果也一般。弹性地面做法简单，而且弹性材料的不断发展，为隔绝撞击声提供了条件。

2. 吸声要求。通常情况下，表面质密光滑，刚性较大的地面，如大理石地面，对于声波的反射能力较强，吸声能力较小。各种软质地面都可以起比较大的吸声作用，例如，地毯的平均吸声系数达到55%。因此，对与吸声要求较高的办公空间，应注意选择和布置地面材料。

3. 保温性能要求。办公建筑的能耗非常大，因此，考虑材料的保温性能对于建筑节能至关重要。从材料特性的角度考虑，瓷砖地面、大理石地面等都属于热导性较高的材料，地毯、木地板、塑胶地板等都是热导性较低的材料。从人的感受角度考虑，要注意人会以某种地面材料的导热性能的认识，来评价整个室内空间的保温性能。

4. 装饰要求。楼地面的装饰与顶棚的装饰能从整体的上下对应及上下界面巧妙的组合，使室内产生优美的空间序列感。楼地面的装饰与空间的使用机能也有紧密的联系，例如室内行走路线的标志，具有视觉诱导的功能。楼地面的图案与色彩设计，对烘托室内环境气氛与风格具有一定的作用。

# 第三节　墙面施工

## 一、墙面砖铺贴

铺贴前应先清理墙面基层，铲除水泥结块，平整墙角，但是不要破坏防水层。同时，选出用于墙面铺贴的瓷砖浸泡在水中3～5h后取出晾干。然后，配制1∶1水泥砂浆或素水泥待用，对铺贴墙面洒水，并放线定位，精确测量转角、管线出入口的尺寸并裁切瓷砖。

接着，在瓷砖背部涂抹水泥砂浆或素水泥，从下至上准确粘贴到墙面上，保留的缝隙要根据瓷砖特点来定。最后，采用瓷砖专用填缝剂填补缝隙，使用干净抹布将瓷砖表面擦拭干净，养护待干（图6-38～图6-41）。

墙砖粘贴时，缝隙应≤1mm，横竖缝必须完全贯通，严禁错缝，墙砖误差＞1mm，砖缝间缝宽调宽至2mm，相邻砖之间平整度不能有误差。墙砖镶贴过程中，要用橡皮锤敲击固定，砖缝之间的砂浆必须饱满，严防空鼓，墙砖的最上层铺贴完毕后，应用水泥砂浆将上部空隙填满，以防在制作扣板吊顶钻孔时破坏墙砖。

图6-38　找准水平及垂直控制线

图6-39　裁切瓷砖时加水

图6-40　瓷砖背部涂抹水泥砂浆

图6-41　填补瓷砖缝隙

## 二、油漆涂饰

### 1. 材料

油漆涂料在我国传统行业内都称为油漆，这种材料可以用不同的施工工艺涂覆在物件表面，形成粘附牢固、具有一定强度和连续性的固态薄膜，这样形成的膜通称为涂膜，又称为漆膜或涂层。

（1）调和漆　现代调和漆是一种高级油漆，一般用作饰面漆，在生产过程中已经经过调和处理，可直接用于装饰工程施工的涂刷。目前，家装中使用最多的就是水性漆和硝基漆。

1）水性漆。以水作为稀释剂的调和漆，它无毒环保，不含苯类等有害溶剂，施工简单方便，不易出现气泡、颗粒等油性漆常见毛病，且漆膜手感好。耐水性优良，不燃烧，并且可与乳胶漆等其他油漆同时施工，但是部分水性漆的硬度不高，容易出划痕（图6-42、图6-43）。

2）硝基漆。是一种由硝化棉、醇酸树脂、增塑剂及有机溶剂调制而成的透明漆，属挥发性油漆，具有干燥快、光泽柔和等特点。硝基漆分为亮光、半亚光和亚光三种，可根据需要选用。主要用于木器及家具的涂装、金属涂装、一般水泥涂装等方面（图6-44）。

（2）真石漆　真石漆又称石质漆，是一种水溶性复合涂料，主要是由高分子聚合物、天然彩石砂及相关辅助剂混合而成。真石漆是由底漆层、真石漆层和罩面漆层3层组成。真石漆涂层坚硬、附着力强、黏结性好，耐用10年以上，防污性好，耐碱耐酸，且修补容易，与之配套施工的有抗碱性封闭底油和耐候防水保护面油（图6-45）。真石漆的装饰效果酷似大理石和花岗岩，在施工中采用喷涂工艺，装饰效果丰富自然，质感强，并与光滑平坦的乳胶漆墙面形成鲜明的对比。

（3）乳胶漆　乳胶漆又称为乳胶涂料、合成树脂乳液涂料，是目前比较流行的内、外墙建筑涂料。传统用于涂刷内墙的石灰水、大白粉等材料，由于水性差、质地 疏松、易起粉，已被乳胶漆逐步替代。乳胶漆与普通油漆不同，它是以水为介质进行稀释和分解，无毒无害，不污染环境，它有多种色彩、光泽可以选择，装饰效果清新、淡雅（图6-46、图6-47）。

乳胶漆价格低廉，经济实惠，是现代装修墙面装

图6-42　水性木器漆

图6-43　水性聚酯漆

图6-44　硝基漆

图6-45　真石漆

图6-46　亚光内墙乳胶漆

图6-47　乳胶漆涂抹

## - 补充要点 -

### 特种涂料

1. 防锈漆。防锈漆一般分为油性防锈漆和树脂防锈漆两种。油性防锈漆是以精炼干性油、各种防锈颜料和体质颜料经混合研磨后，加入溶解剂、催干剂制成，其油脂的渗透性、润湿性较好，结膜后能充分干燥，附着力强，柔韧性好。树脂防锈漆是以各种树脂为主要成膜物质，表膜单薄，密封性强。防锈漆主要用于金属装饰构造的表面，如含铜、铁的各种合金金属（图6-48）。

2. 防火涂料。防火涂料可以有效延长可燃材料（如木材）的引燃时间，阻止非可燃结构材料（如钢材）表面温度升高而引起强度急剧丧失，阻止或延缓火焰的蔓延和扩展，使人们争取到灭火和疏散的宝贵时间。防火涂料一般涂刷在木质龙骨构造表面，也可以用于钢材、混凝土等材料上，提高使用的安全性（图6-49）。

3. 防水涂料。溶剂型防水涂料是以各种高分子合成树脂溶于溶剂中制成的防水涂料，能快速干燥，可低温施工。它以水为稀释剂，有效降低了施工污染、毒性和易燃性，因而被广泛应用。反映固化型防水涂料是以化学反应型合成树脂（如聚氨酯、环氧树脂等）配以专用固化剂制成的双组分涂料，是具有优异防水性和耐老化性能的高档防水涂料（图6-50、图6-51）。

图6-48　防锈漆

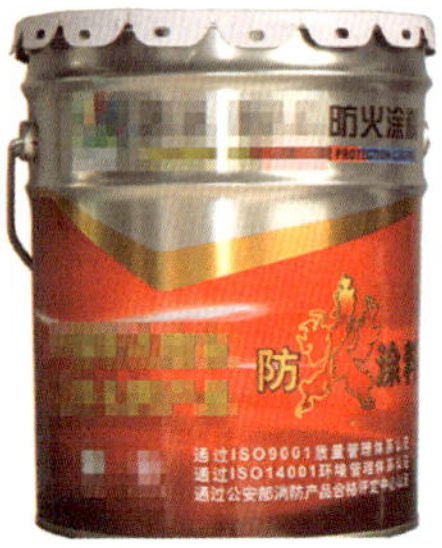
图6-49　防火涂料

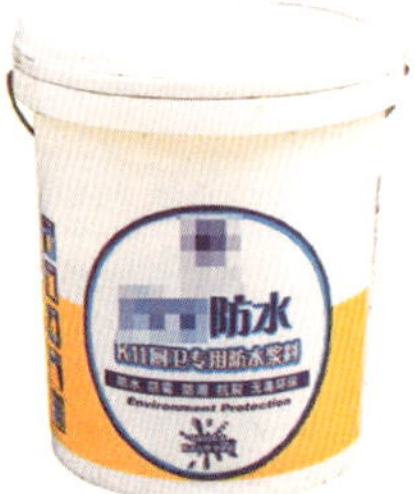

图6-50　防水涂料（一）

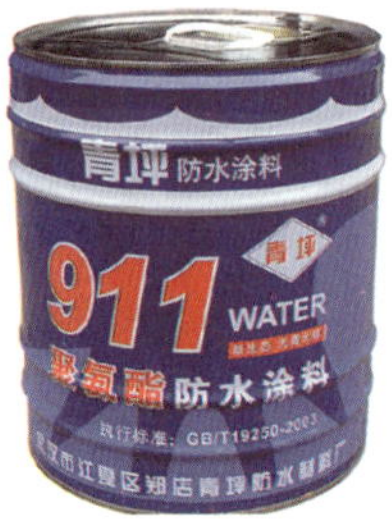

图6-51　防水涂料（二）

饰的理想材料。市场上销售的乳胶漆多为内墙乳胶漆，桶装规格一般为5L、15L、18L三种，每升乳胶漆可以涂刷墙顶面面积为12~16m$^2$。乳胶漆还可以根据室内设计风格来配置色彩，品牌乳胶漆销售商提供计算机调色服务。

### 2. 施工工艺

（1）抹灰　是针对粗糙水泥墙面或外露砖墙墙面进行的找平施工，通过抹灰为内墙乳胶漆涂装打好基础，方便下一步工序。抹灰用的水泥宜为42．5级普通硅酸盐水泥，凡是结硬砂浆不能继续使用（图6-52、图6-53）。

（2）清漆涂装　主要用于木质构造、家具表面涂装，它能起到封闭木质纤维、保护木质表面、起到使家具光亮美观的作用。现代家装中使用的清漆多为调和漆，需要在施工中不断勾兑，在挥发过程中不断保持合适的浓度，保证装饰均匀。首先，清理装饰基层表面，铲除多余木质纤维，使用0号砂纸打磨木质构造表面和转角，上润油粉。然后，根据设计要求和木质构造的纹理色彩对成品腻子粉调色，修补钉头凹陷部位，待干后采用240号砂纸打磨平整。接着，整体涂刷第一遍清漆（底漆），待干后复补腻子，采用360号砂纸打磨平整，整体涂刷第二遍清漆（面漆），采用600号砂纸打磨平整。最后，在使用频率高的木质构造表面涂刷第三遍清漆（面漆），待干后打蜡、擦亮、养护（图6-54、图6-55）。

（3）乳胶漆涂装　在办公空间中的使用面积最

大，用量最大，是整个涂料涂装工程的重点。乳胶漆主要涂刷于室内墙面、顶面与装饰构造表面，可以根据设计要求调色应用，效果丰富，刷时应连续迅速操作，一次刷完。涂刷乳胶漆时应均匀，不能有漏刷、流附等现象。一般应具备两个步骤，涂刷一遍，打磨一遍。对于非常潮湿、干燥的界面应该涂刷封固底漆，涂刷第二遍乳胶漆之前，应该根据现场环境与乳胶漆质量对乳胶漆加水稀释。如果需对乳胶漆进行调色，应预先准确计算各种颜色乳胶漆的用量，均匀搅拌加入的彩色颜料（图6-56、图6-57）。

## 三、壁纸

### 1. 材料

（1）塑料壁纸　是目前生产最多、销售最快的一种壁纸，它是以优质木浆纸为基层，以聚氯乙烯塑料（简称PVC树脂）为面层，经过印刷、压花、发泡等工序加工而成，其中作为塑料壁纸的底纸，要求能耐热、不卷曲，有一定强度，一般为80～100g/$m^2$的纸张。塑料壁纸品种繁多，色泽丰富，图案变化多端，有仿木纹、石纹、锦缎纹的，也有仿瓷砖、黏土砖的，在视觉上可达到以假乱真的效果（图6-58）。

（2）纺织壁纸　是壁纸中较高级的品种，主要是用丝、羊毛、棉、麻等纤维织成，质感佳、透气性好，给人以高雅、柔和、舒适的感觉。有一种锦缎壁纸，是更为高级的一种壁纸产品，缎面织有古雅精致的花纹，色泽绚丽多彩，质地柔软，裱糊的技术性和工艺性要求很高，但是价格比较高，属室内高级装饰品（图6-59）。

（3）液体壁纸　是一种新型的艺术装饰涂料，为液态桶装，通过专用模具（图6-60），可以在墙面上做出风格各异的图案（图6-61）。该产品主要取材于天然贝壳类生物壳体表层，黏合剂也选用无毒、无害的有机胶体，是真正的天然、环保产品。液体壁纸不仅克服了乳胶漆色彩单一、无层次感及墙纸易变色、翘边、起泡、有接缝、寿命短的缺点，而且具备乳胶漆易施工、寿命长的优点和普通壁纸图案的精美，是集乳胶漆与墙纸优点于一身的高科技产品。

图6-52　抹灰

图6-53　水泥砂浆

图6-54　打磨

图6-55　涂漆

图6-56　乳胶漆调色搅拌

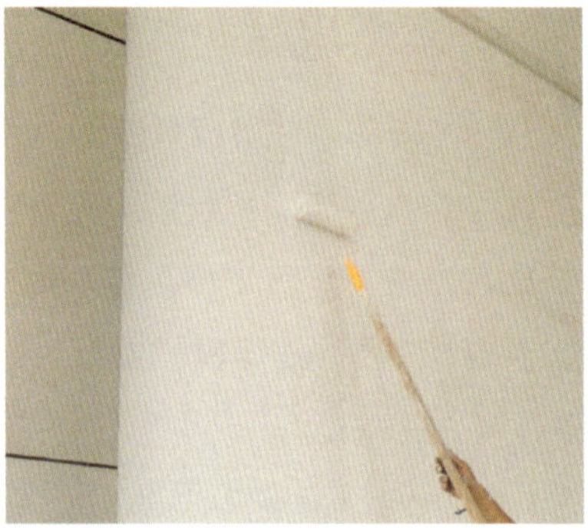
图6-57　乳胶漆滚涂墙面

图6-58　塑料壁纸

图6-59　锦缎壁纸铺贴

图6-60　模具

图6-61　涂刷液体壁纸

图6-62　荧光壁纸

图6-63　金属膜壁纸

（4）荧光壁纸　在印墨中加有荧光剂，在夜间会发光，常用于酒吧、歌厅（图6-62）。

（5）金属膜壁纸　是在纸基上涂布一层电化铝箔而制得，具有不锈钢、黄金、白银、黄铜等金属的质感与光泽，无毒，无气味，无静电，耐湿、耐晒，可擦洗，不褪色，是一种高档裱糊材料。用该壁纸装修的室内环境能给人以金碧交辉、富丽堂皇的感受（图6-63）。

### 2. 施工工艺

壁纸粘贴是一种较高档次的墙面装饰施工，粘贴工艺复杂，成本高，应该严谨对待。首先，清理涂饰基层表面，对墙面、顶面不平整的部位填补石膏粉腻子，并用240号砂纸对界面打磨平整。然后，对涂刷基层表面满刮第一遍腻子，修补细微凹陷部位，待干后采用360号砂纸打磨平整，满刮第2遍腻子，仍采用360号砂纸打磨平整，对壁纸粘贴界面涂刷封固底漆，复补腻子磨平。

> **- 补充要点 -**
>
> **壁纸的规格**
>
> 塑料壁纸的规格有以下几种：窄幅小卷的宽530～600mm，长10～12m，每卷可以铺贴5～6m$^2$；中幅中卷的宽760～900mm，长25～50m，每卷可以铺贴20～45m$^2$；宽幅大卷的宽920～1200mm，长50m，每卷可以铺贴40～50m$^2$。

接着，在墙面上放线定位，展开壁纸检查花纹、对缝、裁切，设计粘贴方案，壁纸和墙面上涂刷专用壁纸胶，上墙对齐粘贴。最后，赶压壁纸中可能出现的气泡，严谨对花、拼缝，擦净多余壁纸胶，修整养护（图6-64～图6-67）。

图6-64 墙面清理干净

图6-65 壁纸涂胶

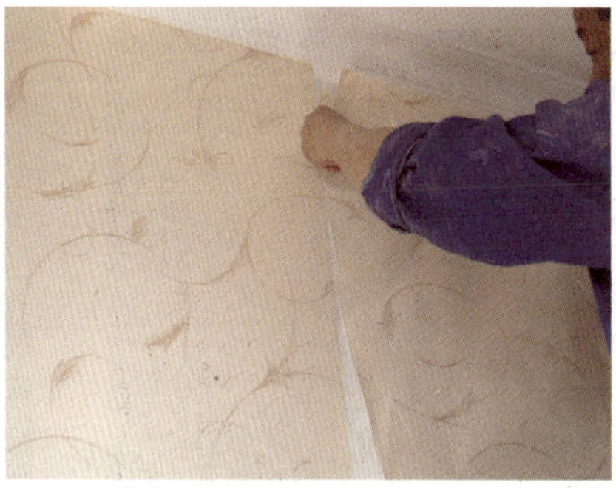

图6-66 拼接壁纸使图案吻合

图6-67 擦净多余壁纸胶

# 第四节 吊顶隔墙施工

## 一、吊顶分类

吊顶在整个空间装饰中占有相当重要的地位，对室内顶面作适当的装饰，不仅能美化室内环境，还能营造出丰富多彩的室内空间艺术形象。在选择吊顶装饰材料与设计方案时，要遵循省材、牢固、安全又美观、实用的原则。

### 1. 平面式

平面式吊顶是指表面没有任何造型和层次的顶面吊顶，这种顶面构造平整、简洁、利落大方，材料也较其他的吊顶形式节省，它常用各种类型的装饰板材拼接而成，也可以表面刷浆、喷涂、裱糊壁纸、墙布等（图6-68）。

### 2. 凹凸式

凹凸式吊顶是指表面具有凹入或凸出构造处理的一种吊顶形式，通常叫造型顶，这种吊顶造型复杂富于变化、层次感强，它常常与灯具（吊灯、吸顶灯、筒灯、射灯等）搭接使用（图6-69）。

图6-68　平面式吊顶

图6-69　凹凸式吊顶

### 3. 悬吊式

悬吊式吊顶是将各种板材、金属、玻璃等悬挂在结构层上的一种吊顶形式。这种天花富于变化动感，给人一种耳目一新的美感，常通过各种灯光照射产生出别致的造型，充溢出光影的艺术趣味（图6-70）。

### 4. 玻璃式

玻璃顶面是利用透明、半透明或彩绘玻璃作为室内顶面的一种形式，这种主要是为了采光、观赏和美化环境，可以做成圆顶、平顶、折面顶等形式。给人以明亮、清新、室内见天的神奇感觉（图6-71）。

## 二、石膏板与胶合板吊顶

石膏板吊顶用于外观平整的吊顶造型，胶合板用于弧度较大的曲面吊顶造型。无论哪种吊顶，其构造原理与施工步骤都是一致的。顶面与墙面上都应放线定位，分别弹出标高线、造型位置线、吊挂点布局线和灯具安装位置线。在墙的两端固定压线条，用水泥钉与墙面固定牢固。依据设计标高，沿墙面四周弹线，作为顶棚安装的标准线，其水平允许偏差±5mm（图6-72、图6-73）

石膏板吊顶可用轻钢龙骨，轻钢龙骨抗弯曲性能好，但是不能弯曲，如需制作弧线造型，仍要使用木龙骨。木质龙骨架顶部吊点固定有两种方法：一种是用5mm以上的射钉直接将角钢或扁铁固定在顶部；另一种是在顶部钻孔，用膨胀螺栓固定预制件做吊点，吊点间距应当反复检查，保证吊点牢固、安全。木龙骨安装要求保证没有劈裂、腐蚀、死节等质量缺陷，截面长30～40mm，宽40～50mm，含水率应≤10%（图6-74、图6-75）。

图6-70　悬吊式吊顶

图6-71　玻璃式吊顶

遇到藻井吊顶时，应从下至上固定压条，阴阳角都要用压条连接。注意预留出照明线的出口。吊顶面积过大可以在中间铺设龙骨。当藻井式吊顶的高差＞300mm时，应采用梯层分级处理。龙骨结构必须坚固，大龙骨间距应≤500mm。龙骨固定必须牢固，龙骨骨架在顶、墙面都必须有固定件。木龙骨底面应刨光刮平，截面厚度一致并做防火处理（图6-76、图6-77）。

石膏板用于平整面的面板，胶合板用于弧形面的面板，也可以用于吊顶造型的转角或侧面。面板安装前应对安装完的龙骨和面板板材进行检查。安装饰面板应与墙面完全吻合，有装饰角线的可留有缝隙，饰面板之间的接缝应紧密，吊顶时应在安装饰面板时预留出灯口位置（图6-78、图6-79）。

## 三、石膏板隔墙

当办公空间装修时需要进行不同功能的空间分隔时需要用到石膏板隔墙，大面积平整的石膏板隔墙应采用轻钢龙骨做基层骨架，小面积弧形隔墙可以采用木龙骨和胶合板饰面。

首先，清理基层地面、顶面和周边墙面，分别放线定位，根据设计造型在顶面、地面、墙面钻孔，放置预埋件。然后，沿着地面、顶面和周边墙面制作边框墙筋，并调整到位。接着，分别安装竖向龙骨与横向龙骨，并调整到位（图6-80）。

安装支撑龙骨时，应先将支撑卡口件安装在竖向龙骨的开口方向，卡口间距400～600mm为宜，距龙骨两端的距离宜为20～25mm。安装贯通龙骨时，小于3m的隔墙安装1道，3～5m高的隔墙安装2道。最后，将石膏板竖向钉接在龙骨上，需要对钉头进行防锈处理，封闭板材之间的接缝，并全面检查（图6-81）。隔墙的位置放线应按设计要求，沿地、墙、顶弹出隔墙的中心线及宽度线，宽度线应与隔墙厚度一致，位置应准确无误。

## 四、玻璃隔墙

玻璃隔墙用于分隔隐私性不太明显的房间，如阅览室与活动室之间的隔墙，办公工作厅与走道之间的

图6-72　制作木龙骨

图6-73　按照标准线安装木龙骨架

图6-74　采用木龙骨做基层

图6-75　在顶部钻孔后安装木龙骨架

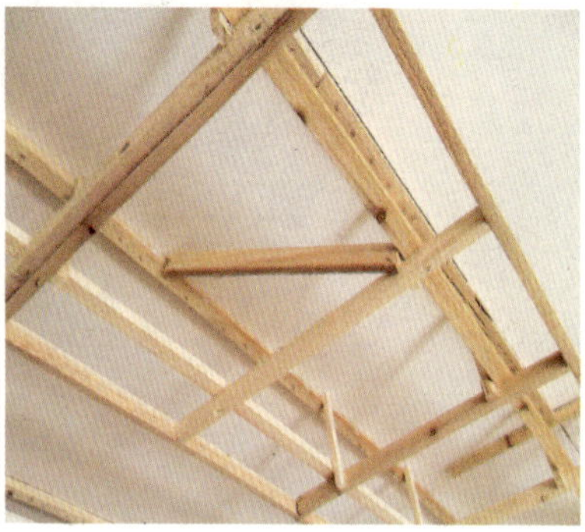
图6-76　用压条固定使其稳定

图6-77　木龙骨架底面应刨光刮平

图6-78　电线穿插在木龙骨架中

图6-79　板面平整

图6-80　石膏板隔墙龙骨

图6-81　螺钉固定石膏板

图6-82　有框玻璃隔墙

图6-83　玻璃分隔墙的边缘不能与硬质材料直接接触

隔墙，前台与公共通道之间的隔墙等。基层地面、顶面和周边墙面放线应清晰、准确。隔墙基层应平整牢固，框架安装应符合设计和产品组合的要求。安装玻璃前应对骨架、边框的牢固程度进行检查，如不牢固应进行加固玻璃固定，一般可以在玻璃上钻孔，用镀铬螺钉或铜螺钉将玻璃固定在木骨架和衬板上，也可以用硬木、塑料、金属等材料的压条压住玻璃（图6-82、图6-83）。

**课后练习**

1. 解释办公装饰材料在选用上有什么要求。
2. 解释办公装饰材料的组织设计原则有哪些。
3. 详细说明地面施工的注意事项。
4. 详细说明乳胶漆的特点。
5. 详细阐述吊顶的分类及区分。
6. 说明石膏板吊顶和胶合板吊顶的区别。

第七章

# 优秀办公空间设计案例赏析

PPT课件，请在计算机里阅读

**章节导读**

本章介绍具有代表性的办公空间设计案例，顺应社会进步与时代发展要求，是当今办公空间设计潮流的浓缩，供学习参考。

## 第一节　桌上深林

充满生机的树木分散的种植在整个办公空间中，让办公室看起来不是一个单调的办公机构，而是一个充满生气的美丽的花房，整个空间以实木为主，环保耐用。白天阳光直射下来，利用自然光为办公空间照明，太阳光通过透明的玻璃为办公空间自然采光提供了很好了途径，节能环保。巨大的椭圆形洞口作为连通的办公席位，并最大程度地利用了自然光线，结构体的四个侧面空间则作为档案室、衣帽间和厨房使用，这是一个与传统办公空间完全不同的小清新办公空间，给人们带来全新的办公体验（图7-1）。

（a）（b）（c）（d）

图7-1　桌上深林

# 第二节　世联财富办公室

世联财富办公室第一眼看上去就很有设计感，整体以黑、白为主色调，并且相互交叉设计搭配，其中摆放的盆景，增加了绿色气息，大气、高雅，整体空间用最简单的装饰营造出一种最时尚的设计感觉（图7-2）。

当进入办公室时，印入眼睑的是夺目的光泽，这是因为空间大量使用玻璃的原因，大面积的贴面、天花板顶部对玻璃的反射光，强调一种视觉冲击，这种视觉冲击映照在整个办公室，使得办公空间具有强大的气场，当员工身处此地时，不由自主地产生崇拜感，继而认真工作。背景墙采用两种不同材质的弧形线条交织在一起，将墙面冷峻的棱角圆滑化，让人觉得温情、和谐。洽谈室用玻璃隔开，不仅美观，还赋予它更多的功能。会议室也是采用玻璃做隔墙，电浆玻璃分割的墙面让会议室有种魔术般的效果，开会的时候，电浆玻璃打开就是完全封闭的空间；不开会的时候，电浆玻璃封闭就是一个明亮的空间，趣味从生。

办公区域主体则只是一个高高的柜子，但它的设计却很有意味，办公柜被分成上下两个部分，上面的柜体用钢架支撑，中间部分并没有采用传统的连接方式，而是一个独特的斜的平行四边形的连接件。办公桌上方的吊灯的四角朝各个方向拉升了一点，并不是呆板的方形，这是创意，是设计。桌面上摆放的一些绿色植物，点缀了稍显单调的黑白色。在这样的办公室里工作，心情一定坏不了。

（a）

（b）

（c）

（d）

图7-2　世联财富办公室

# 第三节　北京世界城FUNWORK

北京世界城FUNWORK第一眼看上去就像一个游乐园，颜色轻快活泼，家具可爱，实际上它就是一个服务型的社区办公空间，不仅可以办公，还可以让人们在这里感受到类似邻居的亲切感（图7-3）。

办公室摆脱了传统封闭空间的束缚，追求人与自然、空间的完美融合。用红、黄、蓝、绿等比较欢快有活力的色调，整体打造一个通透鲜明的空间，让入驻者每天都能有一个饱满的工作状态。公共空间的面积很大，使得人与人之间的交流更方便，墙面装饰、地面装饰、家具、灯具等在材质及细节上均是精益求精的，无不追求设计感与自然感。

木饰面还原木材的面貌，追求自然的触感。可移动的单人卡位区的设计就像是一个小房子，周围的电灯亮起来时就像一颗颗小星星，阅读区设计成蜂窝状，当人们阅读时就犹如一个个小蜜蜂，勤劳认真，黄色的护栏充满童趣，绿色植物的摆放尤其讲究格局。最大的亮点是那些具有休闲功能的设施。在书吧、咖啡吧这些空间休息一会儿，文艺气息十足。滑滑梯、秋千椅、按摩室等设施，也让你不再无聊。当这些休闲娱乐功能的设施大量融入办公空间当中，员工的思维也会具有跳跃感、想象力，工作起来就会更顺利。

（a）

（b）

（c）

（d）

图7-3　北京世界城FUNWORK

# 第四节　麻绳办公室

麻绳办公室是一个开放式的办公空间，布局充满流动性，员工能高效地在空间内完成工作。室内材料以自然生态、可回收利用的麻绳、槽钢、实木为主体，将自然色彩及材料呈现在空间中，表现了材料原生态的美感，并降低了装修费用。麻绳造型是设计的一大亮点，它并不是简单地随意绑扎，而是通过缩小麻绳在空间中的跨度，巧妙的设计造型，并且通过参数的优化整理为线性条件，把复杂的三维造型简化为只有直线构成的设计，方便施工，并能准确全面使用麻绳，避免了浪费（图7-4）。

位于办公空间中部的办公桌设计成长方形，这种静态的方形与动态的麻绳相互照应，使办公空间富有灵性，可激发员工的创造力和想象力。休息吧台把条形的办公区分割开来，两个条形办公区之间以休息吧台区分开来，员工休息时可相互讨论、洽谈，增加办公室的和谐氛围。而公共楼梯通道上被设计成台阶教室、展示区，做到了资源合理利用，并且企业文化也在此显示。

（a）　（b）　（c）

（d）　（e）

图7-4　麻绳办公室

# 参考文献

# REFERENCES


[1] 众为国际．办公空间设计．北京：机械工业出版社．2013.

[2] 李梦玲、邱裕．办公空间设计．北京：清华大学出版社．2011.

[3] 彭彧、冯源．室内设计新观点．北京：化学工业出版社．2014.

[4] 范蓓．办公空间设计．武汉：华中科技大学出版社．2015.

[5] 李文华．室内照明设计．北京：中国水利水电出版社．2007.

[6] 冯芬君．办公空间设计．北京：人民邮电出版社．2015.

[7] 邓宏．办公空间设计教程．重庆：西南师范大学出版社．2007.

[8] 闫铁娟．办公空间设计．武汉：华中科技大学出版社．2016.

[9] 郭承波．中外室内设计简史．北京：机械工业出版社．2007.